目录

contents

前言

杨可桢、程光蕴、李仲生、钱瑞明主编的《机械设计基础(第六版)》以体系完整、结构严谨、层次清晰、深入浅出的特点成为这门课程的经典教材,被全国许多院校采用。

为了帮助读者更好地学习这门课程,掌握更多的知识,我们根据多年的教学经验编写了这本辅导教材,旨在使读者理解基本概念,掌握基本知识,学会基本解题方法和解题技巧,进而提高应试能力。

本书作为一种辅助性的教材,具有较强的针对性、启发性、指导性和补充性。考虑机械设计基础这门课程的特点,我们在内容上作了以下安排:

1. **本章知识要点**。每章前面均对本章的知识要点进行了整理。综合众多参考资料,归纳了本章几乎所有的考点,便于读者学习与复习。

2. **知识点归纳**。对每章知识点做了简练概括,梳理了各知识点之间的脉络联系,突出各章主要定理及重要公式,使读者在各章学习过程中目标明确,有的放矢。

3. **习题全解**。教材中课后习题丰富、层次多样,许多基础性问题从多个角度帮助学生理解基本概念和基本理论,促其掌握基本解题方法。我们对教材的课后习题给了详细的解答。

由于时间较仓促,编者水平有限,书中难免有疏漏之处,敬请各位同行和读者给予批评、指正。

编者

2016 年 8 月

目录
contents

目 录

contents

第一章

平面机构的自由度和速度分析

本章知识要点

本章考点有以下几个方面：

(1)机构中的构件、运动副、复合铰链、局部自由度和虚约束等基本概念。

(2)运用规定的符号，绘制常用机构的机构运动简图。

(3)平面机构自由度的正确计算。

(4)速度瞬心的概念和三心定理的正确运用。

(5)用速度瞬心法作机构的速度分析。

知识点归纳

1.1 运动副及其分类

两构件直接接触并能产生一定相对运动的连接称为运动副。

运动副三要素：两构件组成、直接接触、有相对运动。

分类如下：

运动副
- 高副——点、线接触
- 低副——面接触
  - 转动副——两构件只在平面内做相对转动
  - 移动副——两构件只沿某一轴线做相对移动

1.2 平面机构运动简图

描述机构运动原理的图形可以根据机构的运动尺寸，按一定的比例尺定出各运动副的位置，再用规定的运动副的代表符号和代表构件的简单线条或几何图形将机构的运动情况表示出来，这种与实际机构位置相同或尺寸成比例绘出的简单图形称为机构运动简图。

简图绘制步骤如下：

第一步：认清机架、输入构件和输出构件。

第二步：分清构件并编号。首先使主动件运动起来，然后从主动件开始，按构件是运动单元体的概念分清机构中有几个构件，并将构件（包括机架）按连接顺序编号为 1,2,3,…。

第三步：认清运动副类型并编号。根据两构件间的相对运动形态或运动副元素的形状，认清运动副的类型并依次编号，如 $A,B,C,\cdots\cdots$。

第四步：恰当地选择作图的投影平面。选择时应以能最简单、清楚地把机构的运动情况表示出来为原则。一般选机构中的多数构件的运动平面为投影面。

第五步：以机架为参考坐标系，将主动件置于一个适当的位置，按比例定出各运动副的位置，并画出各运动副的符号及注出编号。以机架为参考坐标系，就是可先定出机架上运动副的位置，并以此位置作为基准，画出机构中各构件相对于机架的位置关系，所以机架本身是否水平或倾斜是不必考虑的。将主动件置于适当位置的目的是使画出的机构运动简图清晰，即代表构件的线条尽量不交叉、不重叠。

第六步：将同一构件的运动副用简单的线条连起来代表构件，并注出构件编号和原动件的转向箭头，便绘出了机构的运动简图。

1.3 平面机构的自由度

自由度

一个自由构件在未与其他构件组成运动副之前，在平面内有 3 个自由度：沿 x 轴的移动、沿 y 轴的移动、绕垂直于 Oxy 平面的 z 轴转动。

约束

当做平面运动的自由构件与另一构件组成运动副后，构件间的直接接触会使某些独立运动受到限制，自由度便会减少。这种对对立运动所加的限制称为约束。

低副：两个约束，一个自由度。

高副：一个约束，两个自由度。

公式

$$F=3n-2P_L-P_H$$

式中 n——机构中活动构件数；

P_L——低副数；

P_H——高副数。

复合铰链、局部自由度和虚约束

A. 复合铰链

定义：两个以上构件在同一处以转动副相连接构成的运动副称为复合铰链。

处理方法：由 K 个构件汇成的复合铰链应包含 $K-1$ 个转动副。

B. 局部自由度

定义：若机构中某些构件所具有的自由度仅与其自身的局部运动有关，而不影响其他构件的运动，则称这种自由度为局部自由度。

处理方法：可将滚子和安装滚子的构件视为一体进行计算，或在计算公式中减去局部自由度。

C. 虚约束

定义：不产生实际约束效果的重复约束称为虚约束。

出现场合：

- 两构件构成多个移动副且其导路互相平行；
- 两构件构成多个转动副且其轴线互相重合；
- 轨迹重合（或两构件上某两点间距离在运动中保持恒定）；
- 机构中对运动不起作用的对称部分。

机构具有确定运动的条件

（1）机构自由度 $F>0$。

（2）原动件数＝机构自由度。

特殊情况

为了使 F 计算正确，必须正确判断机构中 n、P_L 和 P_H 的数目，因此，应特别注意处理好下列三种情况：

（1）要正确判定机构中构件的数目和运动副的数目。构件是机构中的运动单元体，所以，不论构件的结构如何复杂，只要是同一个运动单元体，它就是一个构件。对于运动副数目的确定，应注意复合铰链的存在。

（2）要除去局部自由度。

（3）要除去虚约束。

1.4 速度瞬心及其在机构速度分析上的应用

速度瞬心

速度瞬心是做相对平面运动的两构件上瞬时相对速度为零（即绝对速度相等）的重合点，即同速点。在机构中，如果这两个构件都是运动的，即其同速点处的绝对速度不等于零，则其瞬心称为相对瞬心。如果这两个构件之一是静止的，即其同速点处的绝对速度为零，则其瞬心称为绝对瞬心。

瞬心总数

由 K 个构件(含机架)组成的机构,其瞬心数目按组合关系可得

$$N=K(K-1)/2$$

瞬心位置的确定

机构中直接以运动副连接的两构件,其瞬心位置的确定方法如下:

(1)若两构件组成转动副,则转动副中心即是它们的瞬心。

(2)若两构件组成移动副,则其瞬心位于移动方向的垂线的无穷远处。

(3)若两构件形成纯滚动的高副时,则其高副接触点就是它们的瞬心。

(4)若两构件组成滚动兼滑动的高副时,其瞬心应位于过接触点的公法线上。

三心定理:做平面运动的三个构件之间共有三个瞬心,它们位于同一直线上。

瞬心在速度分析上的应用

应用速度瞬心法作机构的速度分析,其任务是确定其中某两个构件的角速比(或速比),或者已知一构件的角速度(或速度),需求另一构件的角速度(或速度)及其上点的速度。应用速度瞬心法解决上述问题的关键在于确定这两个构件与机架之间的三个速度瞬心。

在用速度瞬心法作机构的速度分析时,应掌握构件扩大的概念,能够设想以线条表示的两构件,向它们的同速点扩大,实现重合之后来求解。

速度瞬心法可以跳跃式地由主动件立即求出最后从动件上任何点的线速度和它的角速度,且不受机构级别的限制;但瞬心法只能用来求速度而不能用来求加速度,且当机构复杂时,某些必要的瞬心位置可能超出图纸之外。

习题全解

1-1 至 1-4 解题过程 1-1 至 1-4 机构运动简图如题 1-1 解图至题 1-4 解图所示。

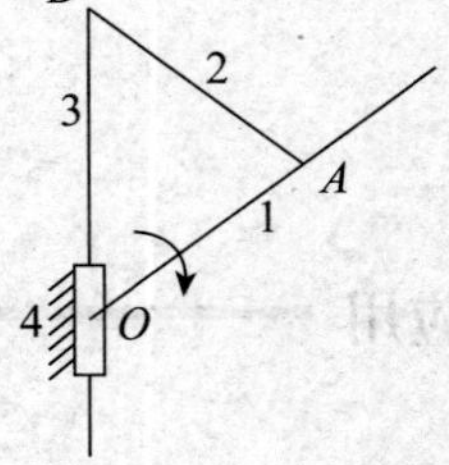

题 1-1 解图

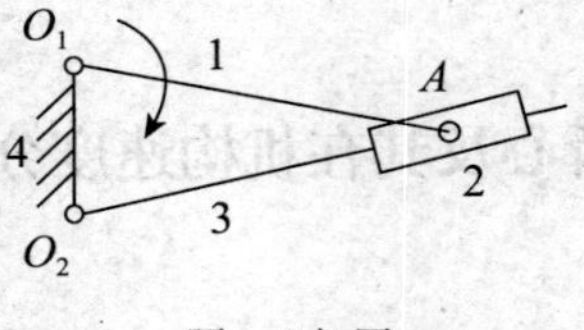

题 1-2 解图

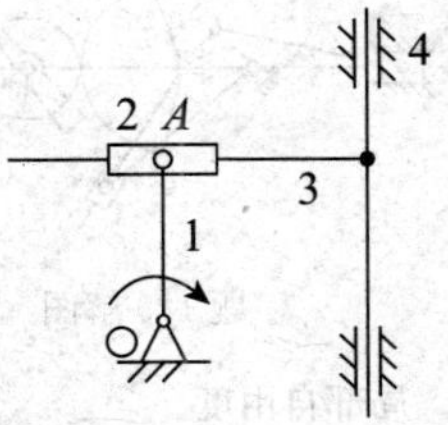

题 1-3 解图

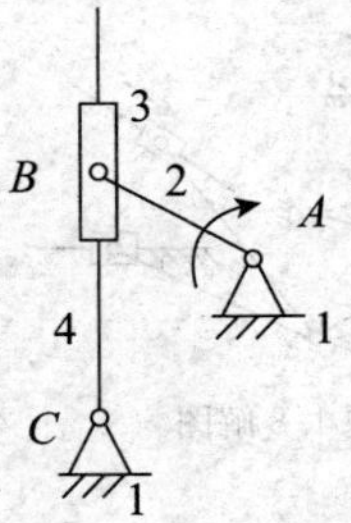

题 1-4 解图

1-5 至 1-13 解题过程 1-5 $F=3n-2P_L-P_H=3\times7-2\times10-0=1$

1-6 $F=3n-2P_L-P_H=3\times6-2\times8-1=1$

1-7 $F=3n-2P_L-P_H=3\times8-2\times11-1=1$

1-8 $F=3n-2P_L-P_H=3\times8-2\times11-0=2$

1-9 $F=3n-2P_L-P_H=3\times6-2\times8-1=1$

1-10 $F=3n-2P_L-P_H=3\times4-2\times4-2=2$

1-11 $F=3n-2P_L-P_H=3\times9-2\times12-2=1$

1-12 $F=3n-2P_L-P_H=3\times4-2\times4-2=2$

1-13 $F=3n-2P_L-P_H=3\times3-2\times3-0=3$

关于 1-5 到 1-13 中的复合铰链、局部自由度和虚约束见题 1-5 解图至题 1-13解图。

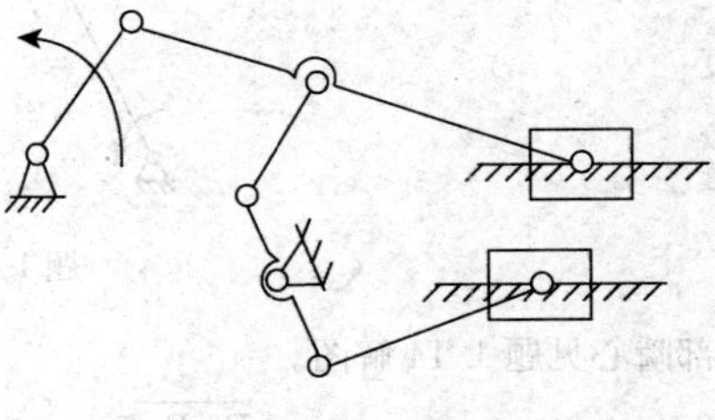

题 1-5 解图

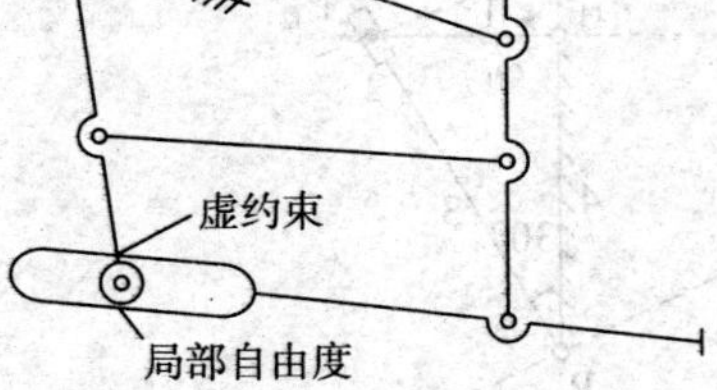

题 1-6 解图

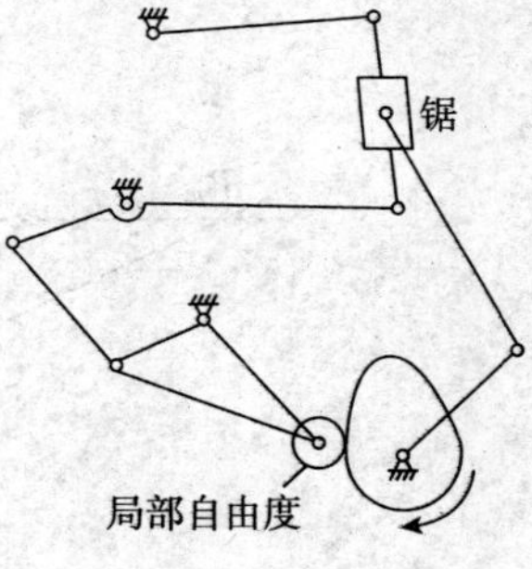

题 1-7 解图

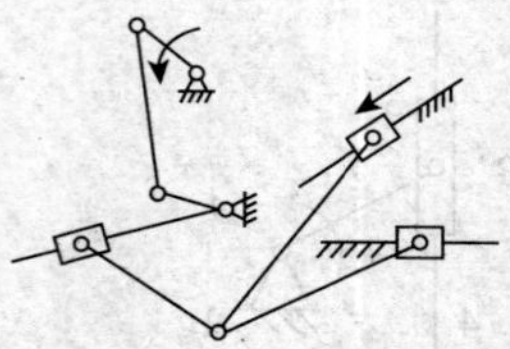

题 1-8 解图

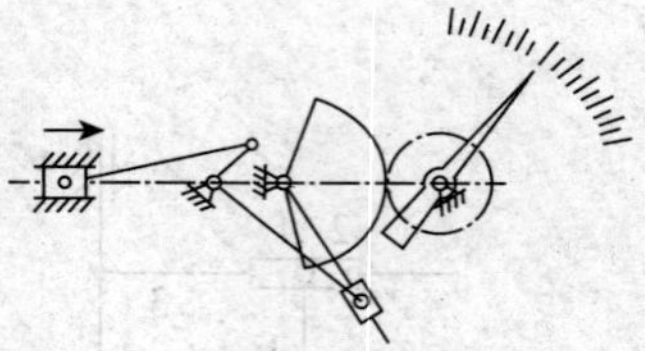

题 1-9 解图

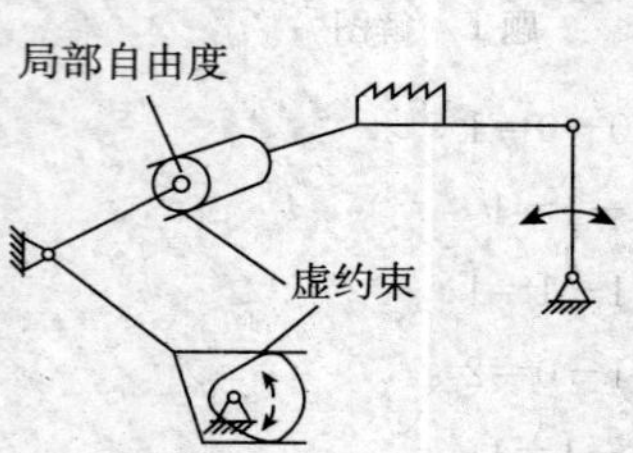

题 1-10 解图

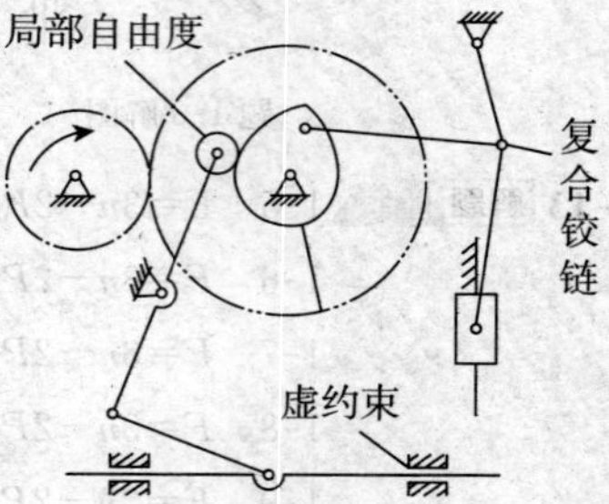

题 1-11 解图

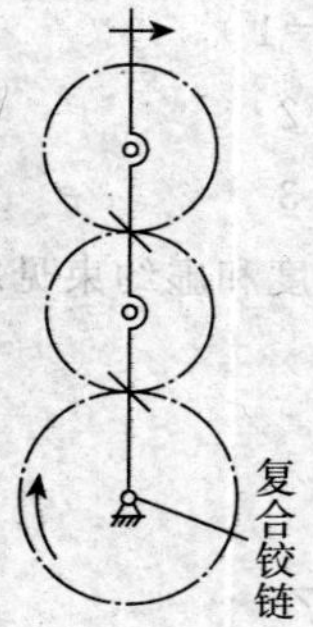

题 1-12 解图

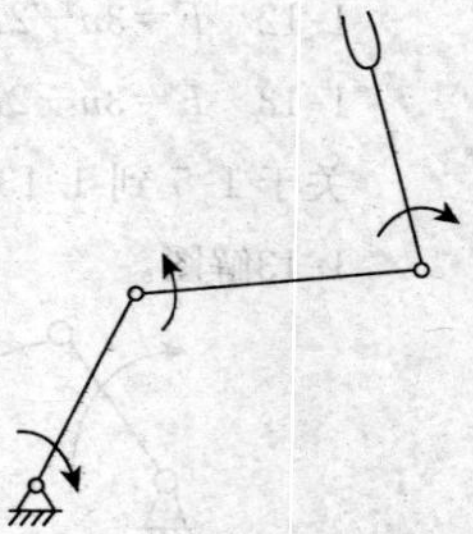

题 1-13 解图

1-14 解题过程 导杆机构的全部瞬心见题 1-14 解图。

$$\frac{\omega_1}{\omega_3}=\frac{\overline{P_{34}P_{13}}}{\overline{P_{14}P_{13}}}=4$$

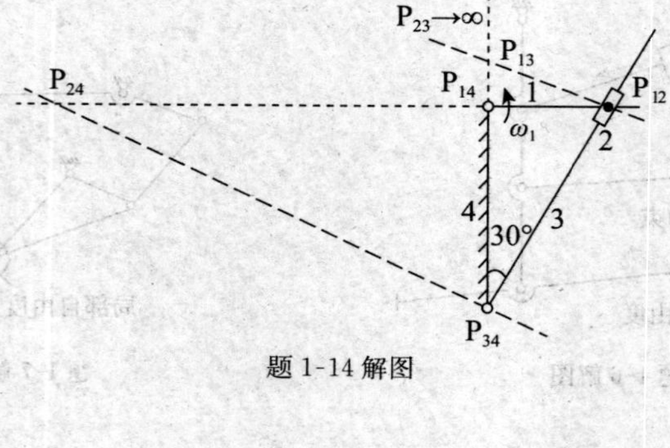

题 1-14 解图

1-15 解题过程 该机构的全部瞬心见题 1-15 解图。

构件 3 的速度为

$$v_3=V_{P_{13}}=\omega_1 L_{P_{14}P_{13}}=0.2\omega_1=2\text{m/s}（方向垂直向上）$$

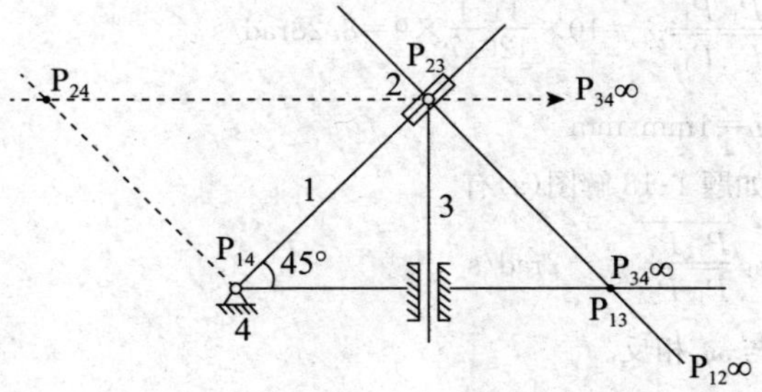

题 1-15 解图

1-16 解题过程 首先确定轮 1、轮 2 和机架 4 三个构件的三个瞬心 P_{12}、P_{14} 和 P_{24}，如题 1-16 解图所示。则

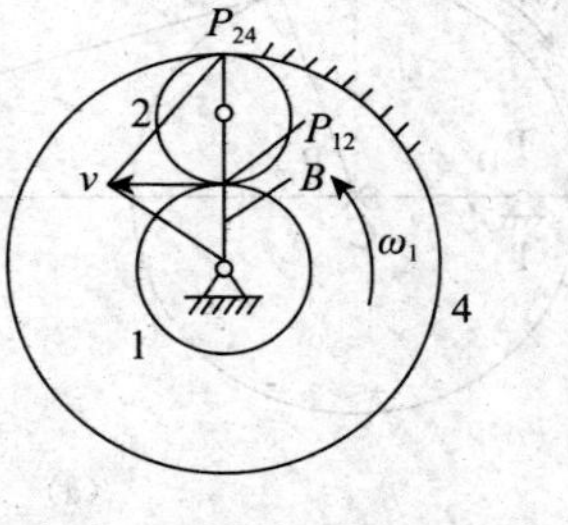

题 1-16 解图

$$\frac{\omega_1}{\omega_2}=\frac{\overline{P_{24}P_{12}}}{\overline{P_{14}P_{12}}}=-\frac{2r_2}{r_1}$$

轮 1 和轮 2 转向相反。

1-17 解题过程 取比例尺 $\mu_l=9\text{mm/mm}$ 则如题 1-17 解图所示。

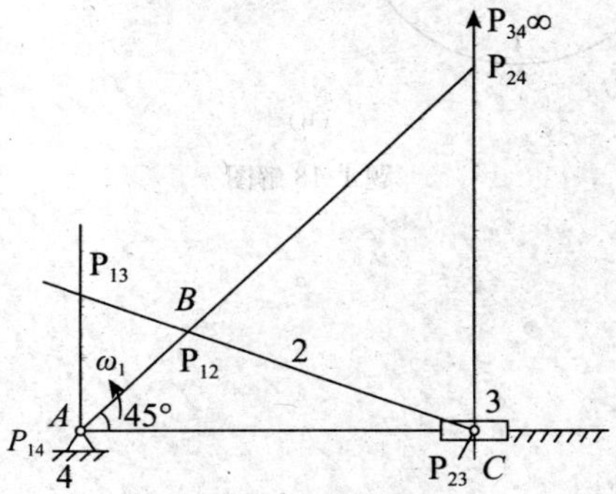

题 1-17 解图

滑块速度为

$V_3=\omega_1 \cdot \overline{P_{13}P_{14}} \cdot \mu_l=10\times10\times9=0.9\text{m/s}$

连杆角速度为

$\omega_2=\omega_1 \dfrac{\overline{P_{14}P_{12}}}{\overline{P_{24}P_{12}}}\mu_l=10\times\dfrac{11.1}{120.7}\times9=8.28\text{rad/s}$

1-18 解题过程 比例尺 $\mu=1\text{mm/mm}$

$\theta=0$ 时如题 1-18 解图(a)有

$\omega_2=-\omega_1 \dfrac{\overline{P_{12}P_{13}}}{\overline{P_{12}P_{23}}}=-2\text{rad/s}$

即方向与 ω_1 相反。

$\theta=180°$时如题 1-18 解图(b)有

$\omega_2=\omega_1 \dfrac{\overline{P_{12}P_{13}}}{\overline{P_{12}P_{23}}}=\dfrac{5}{3}\text{rad/s}$

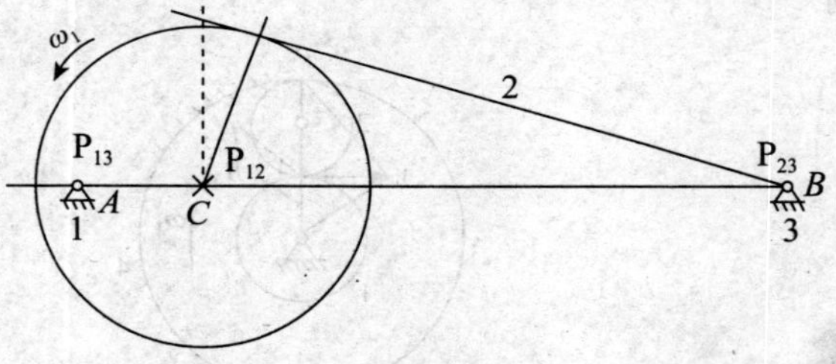

(a)

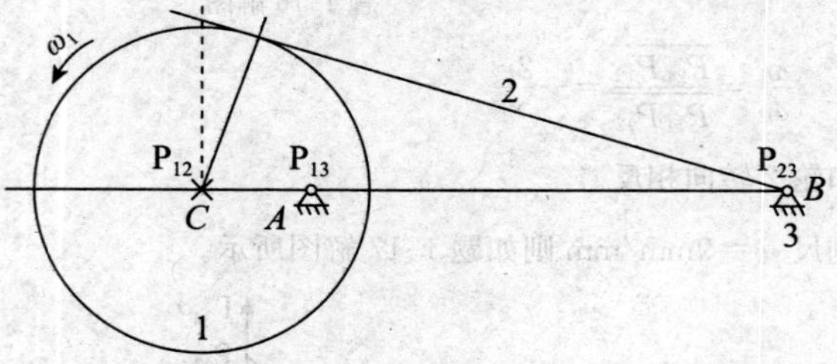

(b)

题 1-18 解图

第二章

平面连杆机构

本章知识要点

(1)绘制各种四杆机构及其演化机构的运动简图。
(2)会判断机构是否具有急回特性和死点,会求行程速度变化系数。
(3)能够通过四杆机构各杆长度判断整转副的存在,确定属于何种机构。
(4)按行程速度变化系数设计四杆机构。
(5)已知连杆的三个位置,进行四杆机构的设计。

知识点归纳

2.1 平面四杆机构的基本类型及其应用

平面连杆机构是由若干个构件用低副(转动副、移动副)连接组成的平面机构。

平面四杆机构的基本形式为平面铰链四杆机构。

铰链四杆机构分为三种基本类型:曲柄摇杆机构、双曲柄机构和双摇杆机构。

铰链四杆机构的演变:
- 曲柄滑块机构
- 导杆机构
- 摇块机构和定块机构
- 双滑块机构
- 偏心轮机构

2.2 平面四杆机构的基本特性

铰链四杆机构有整转副的条件

(1)最短杆与最长杆长度之和小于或等于其余两杆长度之和。

(2)整转副是由最短杆与其邻边组成的。

当铰链四杆机构满足以上两个条件时:

(1)取最短杆为机架时,机架上有两个整转副,得双曲柄机构。

(2)取最短杆邻边为机架时,机架上只有一个整转副,得曲柄摇杆机构。

(3)取最短杆对边为机架时,机架上没有整转副,得双摇杆机构。

当铰链四杆机构不满足杆长条件时,得双摇杆机构。

急回特性

当原动件(曲柄)做匀速定轴转动、从动件相对机架做往复运动(摆动或移动)时,从动件正反两个行程的平均速度不一样的现象称作机构的急回特性。

用行程速度变化系数 K 来衡量机构急回运动的程度:

$$K=\frac{v_2}{v_1}=\frac{180°+\theta}{180°-\theta}$$

其中 θ(极位夹角)是摇杆处于两极限位置时,对应的曲柄所夹的锐角。

(1)$K>1$ 时,机构有急回特性,$\theta>0$。

(2)θ 角越大,K 越大,机构急回运动也越显著。

(3)急回运动在机械中可以用来节省动力和提高劳动生产率。

(4)已知 K,可以求极位夹角:$\theta=180°(K-1)/(K+1)$。

压力角和传动角

压力角和传动角如图 2-1 所示:

压力角 α——从动杆件受力点的受力方向和该点绝对速度方向之间所夹的锐角。

传动角 γ——压力角的余角,即 $\gamma=90°-\alpha$。实际就是连杆与从动杆件之间所夹的锐角。

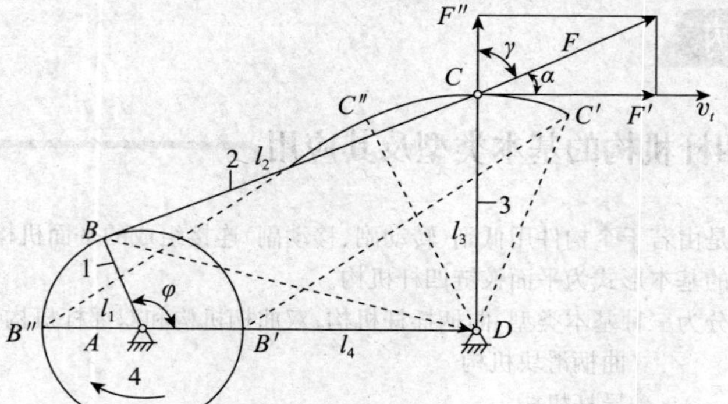

图 2-1

α 越大,γ 越小,传力性越差,作用力的有效分力越小,机构的效率就越低。因此为了保证机构传动性能的良好,一般规定最小传动角 $\gamma_{min}\geqslant 40°$。对于四杆机构来说,最小传动角出现在曲柄与机架两次共线位置之一。

死点位置

机构在运动过程中,如果从动件的传动角 $\gamma=0°$,即压力角 $\alpha=90°$,驱动力与从动件受力点的运动方向垂直,其有效分力等于零,这时机构不能运动,称此位置为死点位置。这时不管驱动力有多大,都不能使曲柄转动。一般在四杆机构中,若以曲柄为从动件,都会出现死点。机构在死点位置可能出现卡死或反转现象。为了消除死点位置的不良影响，通常可以对从动曲柄施加外力，或利用飞轮或构件自身的惯性力使机构通过死点位置。当然在某些夹紧装置中也可以利用死点位置来防松。

2.3 平面四杆机构的设计

平面四杆机构的设计归纳起来主要是解决如下两类问题：

(1)按照给定从动件的运动规律(位置、速度、加速度)设计四杆机构。

(2)按照给定点的运动轨迹设计四杆机构。

设计的方法主要有解析法、几何作图法和实验法，可以根据具体问题选择适合的方法进行四杆机构的设计。

按照给定的行程速度变化系数设计四杆机构

可以用作图法进行此类问题的求解。对于曲柄摇杆机构设计，已知条件通常有：从动件摇杆长度 l_3，摆角 φ，机构的行程速度变化系数 K。设计的步骤如下：

(1)通过 K 求出 $\theta=180°(K-1)/(K+1)$。

(2)确定一个固定铰链中心 D，然后根据几何条件作出摇杆的两个极限位置 C_1D 与 C_2D。

(3)作 $\angle C_2C_1P=90°-\theta$，$\angle C_1C_2P=90°$。

(4)作 $\triangle C_2PC_1$ 的外接圆，则另一个固定铰链中心 A 便在该外接圆上。最后，可按照最小传动角最优或者其他附加条件来固定铰链中心的位置，从而平面四杆机构的设计就完成了，如图 2-2 所示。

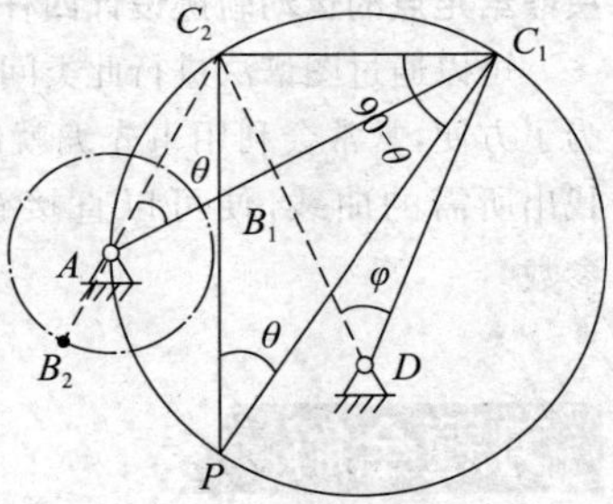

图 2-2

对于导杆机构或曲柄滑块机构，基本方法同上，只是在导杆机构中，从动件导杆的摆角与机构的极位夹角大小相等；在曲柄滑块机构中，滑块行程与曲柄摇杆机构中摇杆的摆角作用是相对应的。

按给定连杆位置设计四杆机构

此类问题也通常用作图法进行设计。这类设计通常是已知连杆长度，并知道连杆在运动过程中的三个位置，要求确定固定铰链中心，如图 2-3 所示。由于两个活动铰链的运动轨迹是绕各自固定铰链中心的圆的一部分，因此可用求圆心法来解决问题。

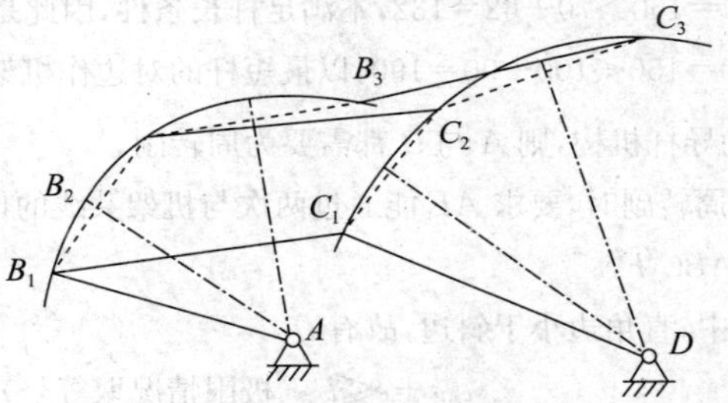

图 2-3

如果只给定连杆的两个位置，则可以根据其他附加条件得到确定解。

按照给定两连架杆对应位置设计四杆机构

此类问题的求解可以采用作图法和实验法。如图 2-4 所示,这里要求按给定连架杆位置设计四杆机构,取$l_1=1$,则其他三个构件得到的是相对于构件 1 的长度。根据列解析式可以得到如下方程式:

$$\cos\varphi=\frac{l_4^2+l_3^2+1-l_2^2}{2l_4}+l_3\cos\psi-\frac{l_3}{l_4}\cos(\psi-\varphi)$$

令

$$P_0=l_3,P_1=-l_3/l_4,P_2=\frac{l_4^2+l_3^2+1-l_2^2}{2l_4}$$

有

$$\cos\varphi=P_0\cos\psi+P_1\cos(\psi-\varphi)+P_2$$

将已知的三对对应转角代入,便可以得到三元一次方程组,求得 P_0、P_1、P_2,从而求得各杆相对于 l_1 的长度。

可以看出,当给定两连架杆的位置超过三对时,就不可能有精确解了,此时可以采用实验法进行设计。具体做法可以参考教材 35 页。

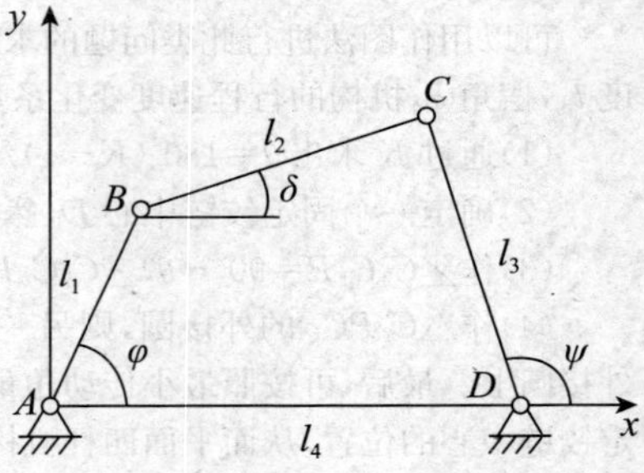

图 2-4

按照给定点的运动轨迹设计四杆机构

可以通过图谱法进行此类问题的求解。在工程设计中,为了方便,常常会利用事先编就的连杆曲线图谱,从图谱中找出所需的曲线,便可以直接查出该四杆机构的各尺寸参数。

习题全解

2-1 解题过程 (a)40+110=150<70+90=160,以最短杆作机架,因此是双曲柄机构。

(b)45+120=165<100+70=170,以最短杆的邻边作机架,因此是曲柄摇杆机构。

(c)60+100=160>70+62=132,不满足杆长条件,因此是双摇杆机构。

(d)50+100=150<100+90=190,以最短杆的对边作机架,因此是双摇杆机构。

2-2 解题过程 要成为转动导杆机构,则 A 与 B 都需要为周转副。

(1)当 A 为周转副时,要求 AF 能通过两次与机架共线的位置。如题 2-2 解图中位置 $ABC'F'$ 和 $ABC''F''$。

在$\triangle BF'C'$中,直角边小于斜边,故有

$$l_{AB}+e\leqslant l_{BC}\text{(极限情况取等号)}$$

同理,在$\triangle BF''C''$中,有

$$l_{AB}-e\leqslant l_{BC}\text{(极限情况取等号)}$$

综上所述,只需 $l_{AB}+e\leqslant l_{BC}$ 即可。

(2)当 B 为周转副时，要求 BC 能通过两次与机架共线的位置。如题 2-2 解图中位置 ABC_1F_1 和 ABC_2F_2。

在位置 ABC_1F_1 时，从线段 BC_1 来看，要能绕过点 C_1，要求：$l_{BC}-(l_{AB}+e)\geqslant 0$（极限情况取等号）。

在位置 ABC_2F_2 时，因为导杆 CF 是无限长的，故没有过多条件限制。

(3)综合(1)(2)可知，图示偏置导杆机构成为转动导杆机构的条件是

$$l_{AB}+e\leqslant l_{BC}$$

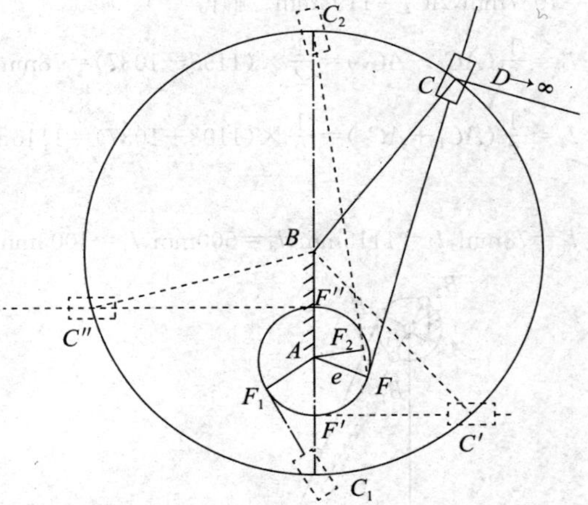

题 2-2 解图

2-3 **解题过程** 如题 2-3 解图所示。

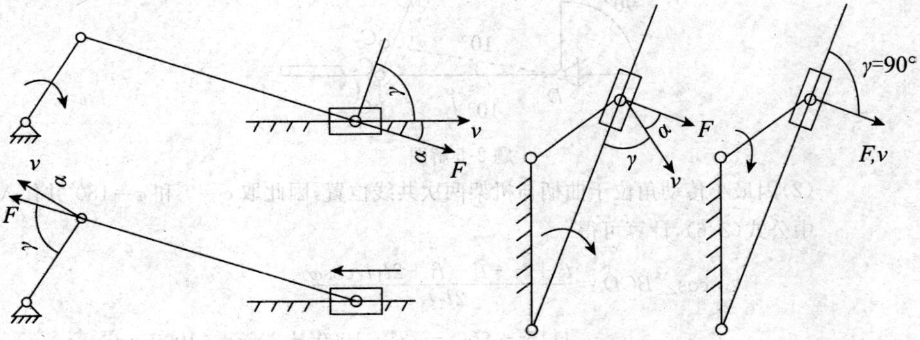

题 2-3 解图

2-4 **解题过程** (1)$K=\dfrac{v_2}{v_1}=\dfrac{t_1}{t_2}=\dfrac{180°+\theta}{180°-\theta}$

代入已知数据可得

$$\frac{7}{t_2}=\frac{180°+30°}{180°-30°}=\frac{7}{5}$$

则 $t_2=5\text{s}$

(2)曲柄转 1 周需要时间 $t_1+t_2=7+5=12\text{s}$

则曲柄每分钟转数为

$$60/12=5$$

2-5 解题过程 (1)取适当比例尺,作出两次极限位置 AB_1C_1D 和 AB_2C_2D 如题 2-5 解图所示。由图量得 $AC_1=1037\text{mm}$,$AC_2=1193\text{mm}$。解得

$$l_1=\frac{1}{2}(AC_1-AC_2)=\frac{1}{2}\times(1193-1037)=78\text{mm}$$

$$l_2=\frac{1}{2}(AC_1+AC_2)=\frac{1}{2}\times(1193+1037)=1115\text{mm}$$

由此得

$$l_1=78\text{mm},l_2=1115\text{mm},l_3=500\text{mm},l_4=1000\text{mm}$$

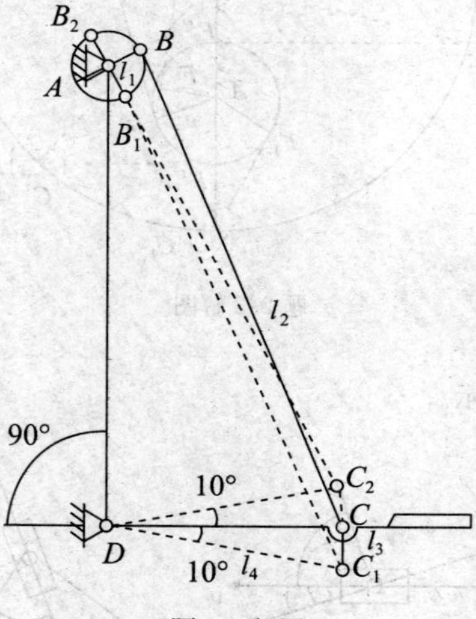

题 2-5 解图

(2)因最小传动角位于曲柄与机架两次共线位置,因此取 $\varphi=0°$ 和 $\varphi=180°$ 并代入教材中公式(2-6),计算可得

$$\cos\angle BCD=\frac{l_2^2+l_3^2-l_1^2-l_4^2+2l_1l_4\cos\varphi}{2l_2l_3}$$

$$=\frac{1115^2+500^2-78^2-1000^2+2\times78\times1000\cos0°}{2\times1115\times500}$$

$$=0.5768$$

则

$$\angle BCD=54.77°$$

或

$$\cos\angle BCD=\frac{l_2^2+l_3^2-l_1^2-l_4^2+2l_1l_4\cos\varphi}{2l_2l_3}$$

$$=\frac{1115^2+500^2-78^2-1000^2+2\times78\times1000\cos180^\circ}{2\times1115\times500}$$

$$=0.2970$$

则 $\angle BCD=72.72^\circ$

代入教材公式(2-6)′,可得

$$\gamma_{\min}=\angle BCD_{\min}=54.77^\circ$$

2-6 解题过程 (1)本题属于设计题,只要步骤正确,答案并不唯一。这里给出基本作图步骤,不给出具体数值答案。作图步骤如下(见题 2-6 解图):

$$\theta=180^\circ\frac{K-1}{K+1}=180^\circ\times\frac{1.2-1}{1.2+1}\approx16.36^\circ$$

(1)求 θ。

(2)确定比例尺 μ_l,作$\angle C_1DC_2=30^\circ$,$C_1D=C_2D=100$mm(摇杆两极限位置)。

(3)以 C_1C_2 为底作 Rt$\triangle C_1C_2E$,$\angle E=\theta=16.36^\circ$,$\angle C_2C_1E=90^\circ$。

(4)作 Rt$\triangle C_1C_2E$ 的外接圆,在圆上取点 A 即可。

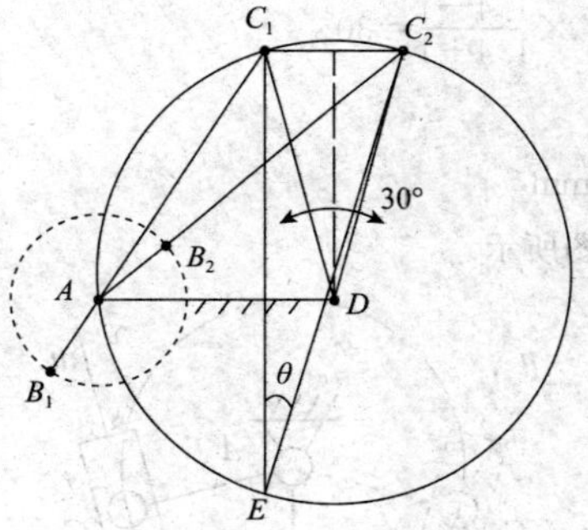

题 2-6 解图

(2)在图上量取 AC_1,AC_2 和机架长度 l_4($l_4=l_{AD}$)。则可计算出曲柄长度和摇杆长度,然后代入公式(2-6)和(2-6)′可求出最小传动角。

2-7 解题过程 如题 2-7 解图所示,按照上题步骤可得到如下数据:

$$\theta=180^\circ\frac{K-1}{K+1}=180^\circ\times\frac{1.2-1}{1.2+1}\approx16.36^\circ$$

$$\overline{C_1C_2}=s=50\text{mm}$$

$$e=16\text{mm},\overline{AC_1}=34\text{mm},\overline{AC_2}=82\text{mm}$$

可计算得

曲柄长度

$$l_1=\frac{1}{2}(\overline{AC_1}-\overline{AC_2})=\frac{1}{2}\times(82-34)=24\text{mm}$$

连杆长度 $l_2=\frac{1}{2}(\overline{AC_1}+\overline{AC_2})=\frac{1}{2}\times(82+34)=58\text{mm}$

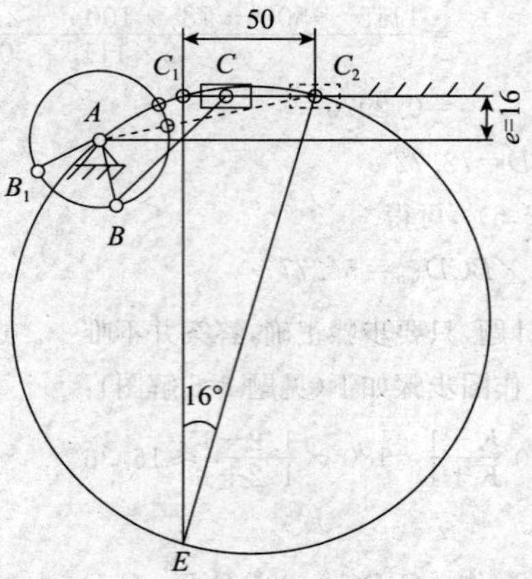

题 2-7 解图

2-8 解题过程 选定比例尺，计算出

$$\theta=180°\times\frac{1.4-1}{1.4+1}=30°$$

曲柄长度为

$$l_1=26\text{mm}$$

作图如题 2-8 解图所示。

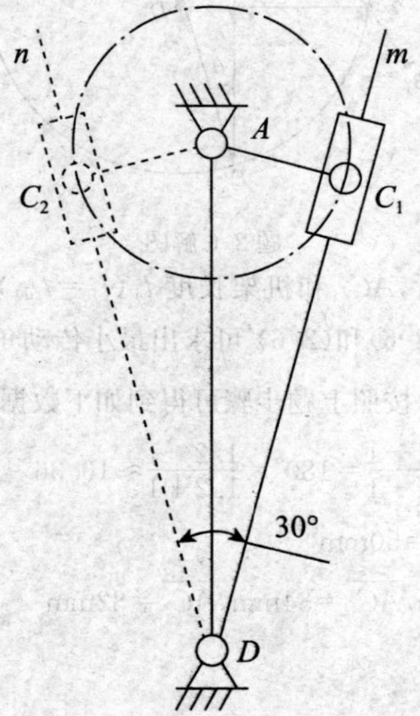

题 2-8 解图

2-9 解题过程 求得

$$\theta=180^\circ\frac{K-1}{K+1}=180^\circ\times\frac{1-1}{1+1}=0^\circ$$

选定比例尺 μ_l，作$\angle C_1DC_2=40^\circ$，$C_1D=C_2D=80\text{mm}$。

作$\angle C_1DA=90^\circ$，DA 与 C_1C_2 交于点 A，如题 2-9 解图所示。

在图上量取 $AC_1=238\text{mm}$，$AC_2=184\text{mm}$ 和机架长度 $l_4=l_{AD}=224\text{mm}$。可解得

曲柄长度

$$l_1=\frac{1}{2}(AC_1-AC_2)=\frac{1}{2}\times(238-184)=27\text{mm}$$

连杆长度

$$l_2=\frac{1}{2}(AC_1+AC_2)=\frac{1}{2}\times(238+184)=211\text{mm}$$

作图如下：

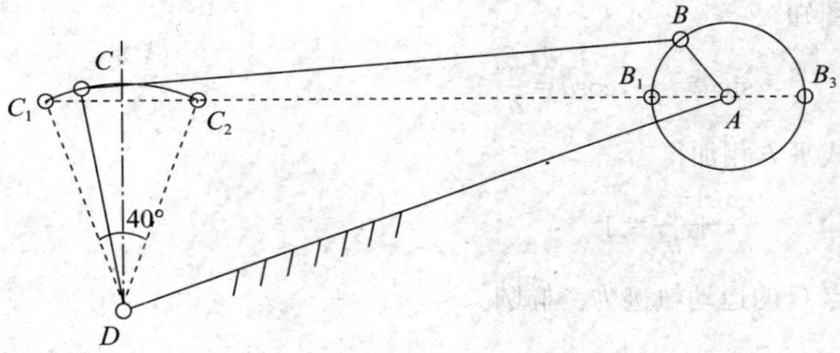

题 2-9 解图

2-10 解题过程 如题 2-10 解图所示。从图中量取各杆的长度，得

$$l_4=l_{AD}=96\text{mm},h=l_{AB}=68\text{mm},l_3=l_{CD}=112\text{mm}$$

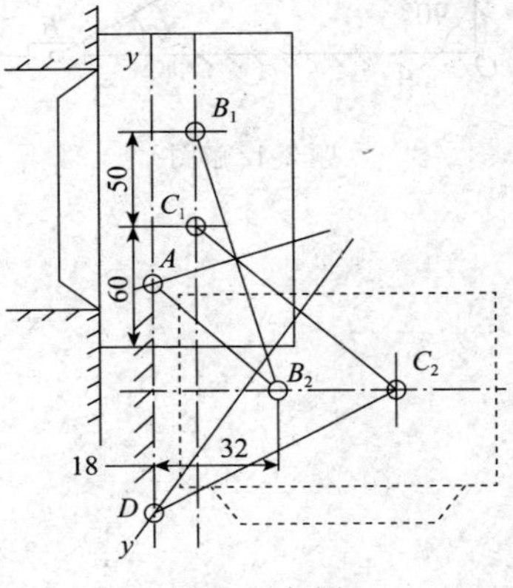

题 2-10 解图

2-11 解题过程 将题目已知条件代入教材中公式(2-10)，有

$$\cos45^\circ=P_0\cos52^\circ10'+P_1\cos(52^\circ10'-45^\circ)+P_2$$

$$\cos 90° = P_0 \cos 82°10' + P_1 \cos(82°10' - 90°) + P_2$$

$$\cos 135° = P_0 \cos 112°10' + P_1 \cos(112°10' - 135°) + P_2$$

联立上式可解得

$$P_0 = 1.481, P_1 = -0.8012, P_2 = 0.5918$$

代入公式(2-8)解得

$$l_1 = 1, l_2 = 2.103, l_3 = 1.481, l_4 = 1.8484$$

又实际上 $l_4 = l_{AD} = 50\text{mm}$，因此每个杆件应放大的比例尺为 50/1.8484＝27.05，所以每个杆件的实际长度为

$$l_1 = 1 \times 27.05 = 27.05\text{mm}, l_2 = 2.103 \times 27.05 = 56.89\text{mm}$$

$$l_3 = 1.481 \times 27.05 = 40.06\text{mm}, l_4 = l_{AD} = 50\text{mm}$$

2-12 **解题过程** 如题 2-12 解图所示。在 AB 上任取一点 C，即要求证点 C 的运动轨迹为一椭圆。点 C 将 AB 分为两部分，其中 $AC = a, BC = b$。

由图知

$$\sin\theta = \frac{y}{b}, \cos\theta = \frac{x}{a}$$

两式平方相加得

$$\frac{x^2}{a^2} + \frac{y^2}{b^2} = 1$$

故点 C 的运动轨迹为一椭圆。

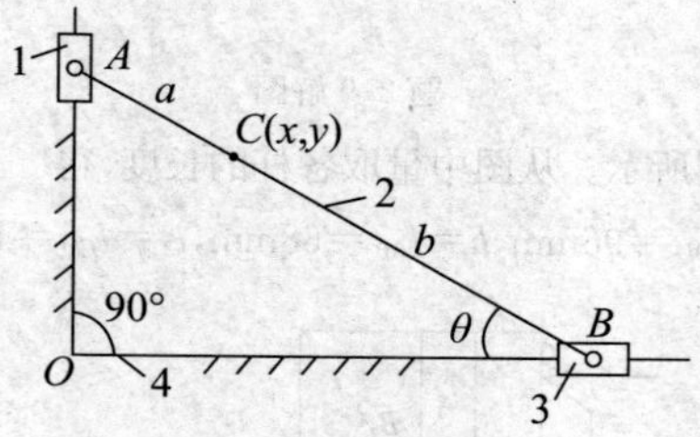

题 2-12 解图

第三章

凸轮机构

本章知识要点

(1)从动件常用的几种运动规律的特点及应用场合,判断刚性冲击与柔性冲击。

(2)凸轮机构理论轮廓与实际轮廓之间的关系。

(3)已知凸轮机构某一位置的机构运动简图,分析凸轮机构。

(4)凸轮机构压力角的概念,求凸轮机构在某一位置压力角的大小及凸轮机构的压力角与凸轮机构受力的关系。

知识点归纳

3.1 凸轮机构的应用和类型

凸轮机构是由凸轮、从动件和机架三个主要构件所组成的高副机构。它具有以下特点:

(1)可使从动件实现任意给定的运动规律。

(2)结构简单、紧凑,工作可靠。

(3)高副接触,容易磨损。多用于传递力不是太大的场合。

(4)加工比较复杂。

(5)从动件行程不宜过大,否则会使凸轮变得笨重。

凸轮机构的分类
- 按凸轮机构分
  - 盘形凸轮机构
  - 移动凸轮机构
  - 圆柱凸轮机构
- 按从动件的形状分
  - 尖顶从动件凸轮机构
  - 滚子从动件凸轮机构
  - 平底从动件凸轮机构
- 按从动件的运动形式分
  - 直动从动件凸轮机构
    - 对心直动从动件凸轮机构
    - 偏置直动从动件凸轮机构
  - 摆动从动件凸轮机构

■3.2 从动件的运动规律

基本概念

基圆：以凸轮理论轮廓的最小向径所作的圆。

推程：当凸轮以等角速度转动时，从动件被推到距凸轮转动中心最远的位置的过程称为推程。

推程运动角：与从动件推程相对应的凸轮转角。

回程：从动件由最远位置回到起始位置的过程称为回程。

回程运动角：与从动件回程对应的凸轮转角。

休止：从动件处于静止不动的阶段。从动件在最远处静止不动，对应的凸轮转角称为远休止角；从动件在最近处静止不动，对应的凸轮转角称为近休止角。

从动件的常用规律

从动件的运动规律，是指从动件在运动时，其位移 s、速度 v 和加速度 a 随时间 t 变化的规律。如表 3-1 所示。

表 3-1

<table>
<tr><th>运动规律</th><th colspan="2">运动方程</th><th>推程运动线图</th><th>冲击</th></tr>
<tr><td rowspan="2">等速运动</td><td>推程</td><td>$s=\frac{h}{\Phi}\varphi$
$v=v_0=\frac{h}{\Phi}\omega$
$a=0$</td><td rowspan="2">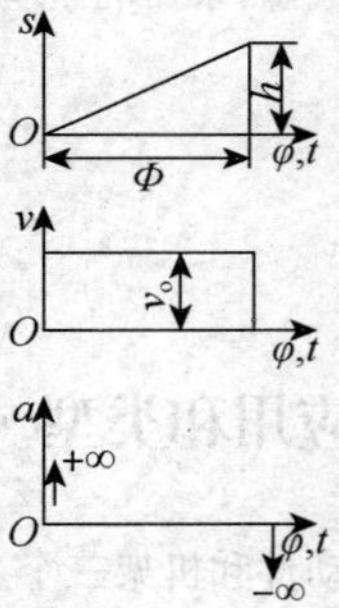</td><td rowspan="2">刚性</td></tr>
<tr><td>回程</td><td>$s=h-\frac{h}{\Phi'}(\varphi-\Phi-\Phi_s)$
$v=-\frac{h}{\Phi'}\omega$
$a=0$</td></tr>
<tr><td rowspan="2">简谐运动</td><td>推程</td><td>$s=\frac{h}{2}\left(1-\cos\frac{\Phi}{\varphi}\varphi\right)$
$v=\frac{h\pi\omega}{2\Phi}\sin\frac{\pi}{\Phi}\varphi$
$a=\frac{h\pi^2\omega^2}{2\Phi^2}\cos\frac{\pi}{\Phi}\varphi$</td><td rowspan="2">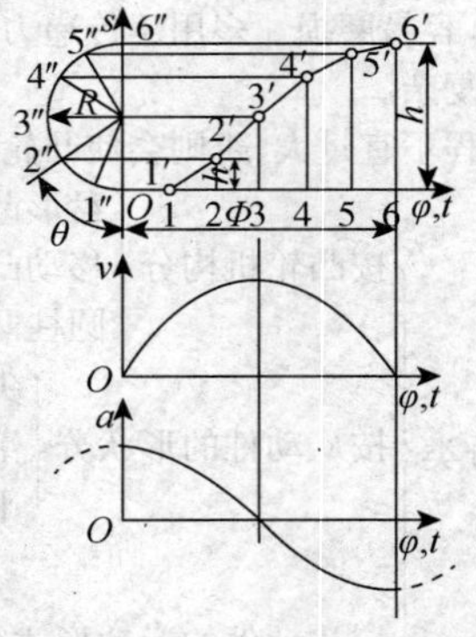</td><td rowspan="2">柔性</td></tr>
<tr><td>回程</td><td>$s=\frac{h}{2}\left[1-\cos\frac{\pi}{\Phi'}(\varphi-\Phi-\Phi_s)\right]$
$v=\frac{h\pi\omega}{2\Phi'}\sin\frac{\pi}{\Phi'}(\varphi-\Phi-\Phi_s)$
$a=-\frac{h\pi^2\omega^2}{2\Phi'^2}\cos\frac{\pi}{\Phi'}(\varphi-\Phi-\Phi_s)$</td></tr>
</table>

续表

运动规律	运动方程		推程运动线图	冲击
正弦加速度	推程	$s=h\left(\frac{\varphi}{\Phi}-\frac{1}{2\pi}\sin\frac{2\pi}{\Phi}\varphi\right)$ $v=\frac{h\omega}{\Phi}\left(1-\cos\frac{2\pi}{\Phi}\varphi\right)$ $a=\frac{2h\pi\omega^2}{\Phi^2}\sin\frac{2\pi}{\Phi}\varphi$	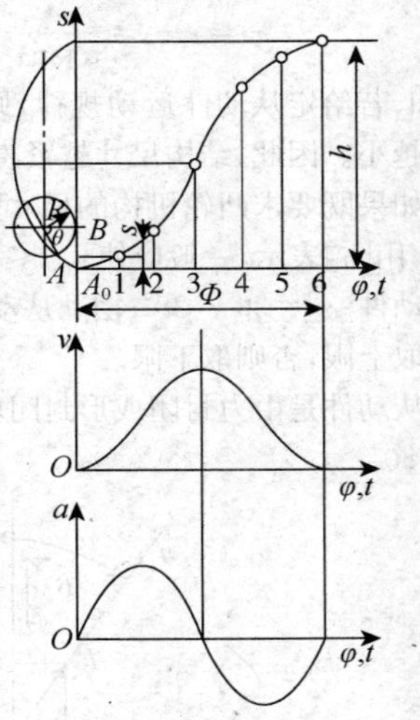	无
	回程	$s=h\left[1-\frac{\varphi-\Phi-\Phi_s}{\Phi'}+\frac{1}{2\pi}\sin\frac{2\pi}{\Phi'}(\varphi-\Phi-\Phi_s)\right]$ $v=-\frac{h\omega}{\Phi'}\left[1-\cos\frac{2\pi}{\Phi'}(\varphi-\Phi-\Phi_s)\right]$ $a=-\frac{2h\pi\omega^2}{\varphi'^2}\sin\frac{2\pi}{\Phi'}(\varphi-\Phi-\Phi_s)$		

3.3 凸轮机械的压力角

压力角与作用力的关系

如图 3-1 所示，凸轮与从动件在 A 点接触，不考虑摩擦时，凸轮作用于从动件下的法向力 F 沿点线 nn 方向。将力 F 分解为 F_1 和 F_2 两个分力，分力 F_1 推动从动件沿 B 处上移，是有用分力：分力 F_2 与从动件运动方向垂直，使从动件在 B 处紧压在导路上，而产生摩擦力，阻止从动件上移，是有害分力。F_1 和 F_2 的大小为

$$\left.\begin{aligned}F_1&=F\cos\alpha\\F_2&=F\sin\alpha\end{aligned}\right\}$$

式中 α 是凸轮对从动件的法向力 F 与从动件上该力作用点的速度 V 之间所夹的锐角。称为凸轮机构在该位置的压力角。很明显，压力角 α 越大，有用分力 F_1 越小，有害分力 F_2 越大，传力性能越差。当压力角 α 增大到一定程度，由有害分力 F_2 产生的摩擦力大于有用分力 F_1，则无论凸轮对从动件施加多大的力，从动件都不能运动，即机构出现自锁。

由以上分析可知：为改善传力性能，避免自锁，压力角越小越好。

压力角与基圆半径的关系

如图 3-1 所示，设凸轮以等角速度 w 逆时针转动。从动件与从动轮在 A 点接触。从动件上 A 点的移动速度为 v_{A2}，凸轮上 A 点的速度 $v_{A1}=r.w$，方向垂直于 OA，而从动件上 A 点相对速度 V_{A2A1} 的方向与凸轮过 A 点的切线 tt 方向重合。按照点的复合运动的速度合成定理则可作出 A 点的速度三角形。可得

$$v_{A2}=v_{A1}\tan\alpha=rw\tan\alpha$$

$$r=\frac{v_{B2}}{\omega\tan\alpha}$$

因 $$r=r_0+s$$

所以 $$r_0=r-s=\frac{v_{B2}}{\omega\tan\alpha}-s$$

由上式可知，若给定从动件运动规律，则 ω_1，v_{B2}，s 均已知，当压力角越大时，则其基圆半径越小，结构尺寸也越小。因此，结构尺寸越紧凑，压力角越大越好。

综上所述，如果既要求凸轮机构的尺寸紧凑，又要求传力性能好，则压力角不能过大，也不能过小，都有许用值，用[α]表示，一般应使 $\alpha_{max}\leqslant[\alpha]$。根据实践经验和分析，在推程时许用压力角[$\alpha$]推荐如下：直动从动件[$\alpha$]＝30°～38°；摆动从动件[$\alpha$]＝40°～50°，对于滚子从动件，润滑良好和支承的刚性较好时，可取上限，否则取下限。

在回程时，从动件是由力封闭或形封闭驱动的，无自锁问题，所以回程时许用压力角可大些，一般取[α]＝70°～80°。

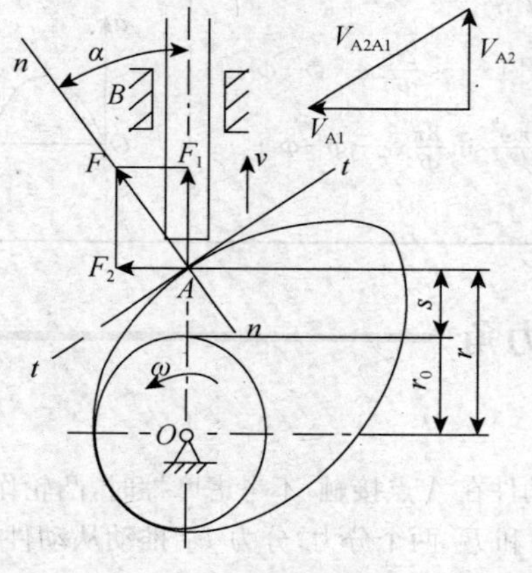

图 3-1　凸轮机构压力角

3.4　图解法设计凸轮轮廓

反转法原理

在凸轮机构中，如果对整个凸轮机构绕凸轮轴心 O 加上一个与凸轮转动角速度 ω_1 大小相等、方向相反的公共角速度（$-\omega_1$），这时凸轮与从动件之间的相对运动关系并不改变。但此时凸轮将固定不动，而移动从动件将一方面随导路一起以等角速度（$-\omega_1$）绕点 O 转动，另一方面又按已知的运动规律在导路中做往复移动；摆动从动件将一方面随其摆动中心一起以等角速度（$-\omega_1$）绕点 O 转动，另一方面又按已知的运动规律绕其摆动中心摆动。由于从动件尖端应始终与凸轮廓线相接触，故反转后从动件尖端相对于凸轮的运动轨迹就是凸轮的轮廓曲线。根据这一原理，可作出从动件尖顶在从动件做这种复合运动中所占据的一系列位置点，并将它们连接成光滑曲线，即得所求的凸轮轮廓曲线。这种设计方法称为反转法。

尖顶直动从动件盘形凸轮

设计步骤如下：

(1)选取尺寸比例尺，根据已知条件作基圆和偏距圆以及从动件的初始位置。

(2)利用作图法画出从动件的位移线图，并沿横轴按选定的分度值等分位移线图。

(3)沿$-\omega_1$方向按选定的分度值等分基圆，过等分点作偏距圆的切线。这些切线即为从动件在反转运动中占据的各个位置。

(4)将位移线图上各分点的位移值直接在偏距圆切线上由基圆开始向外量取，即为从动件尖顶在复合运动中依次占据的位置。

(5)将从动件尖顶的各位置点连成一条光滑曲线，即为凸轮廓线。对于对心直动尖顶从动件盘形凸轮机构，可以认为是$e=0$时的偏置凸轮机构，其设计方法与上述方法基本相同，只须将过基圆上各分点作偏距圆的切线改为过基圆上各分点作过凸轮回转中心的径向线即可。

滚子直动从动件盘形凸轮

对于滚子直动从动件盘形凸轮机构，可将滚子中心视为尖顶从动件的尖顶，按前述方法定出滚子中心在从动件复合运动中的轨迹，该轨迹线称为凸轮的理论轮廓；然后以理论轮廓上的一系列点为圆心作滚子圆，再作此圆族的包络线，即得凸轮的实际轮廓。注意，此时凸轮的基圆半径系指理论轮廓的最小半径。

平底直动从动件盘形凸轮

对于此类凸轮机构，可将从动件导路的中心线与从动件平底的交点视为尖顶从动件的尖顶，按前述作图步骤确定出理论轮廓，然后再过理论轮廓上的点作一系列代表从动件平底的直线，这些直线的包络线即为凸轮的工作轮廓线。

摆动从动件盘形凸轮

这种凸轮机构从动件的运动规律要用角位移来表达，即须将相应直动从动件的位移方程中的位移s改为角位移φ，行程h改为角行程Φ。其从动件在反转运动中占据的各位置，应使从动件轴心点A和其尖顶点B分别位于A的反转圆上与基圆上对应的反转位置点处。作图时，先以凸轮轴心O为圆心，以OA为半径作圆，然后在此圆上从起始位置开始沿$-\omega_1$方向等分，所得的各点即为轴心A在反转运动中依次占据的位置。再以这些点为圆心，以摆动从动件的长度AB为半径作圆弧，与基圆的交点即为摆动从动件在反转运动中依次占据的各最低位置点。从动件的角位移则是以从动件轴心各反转位置点为圆心顶点，以从动件相应反转位置为起始边向外转量取。

3.5 解析法设计凸轮轮廓

用解析法设计凸轮轮廓，首先是根据反转法原理建立凸轮轮廓曲线的数学方程式，然后根据方程准确地计算出凸轮轮廓曲线上各点的坐标值。

对于滚子直动从动件盘形凸轮轮廓设计，极坐标方法求解的步骤可参考教材50页。建立凸轮轮廓直角坐标方程的一般步骤如下：

(1)画出基圆及从动件起始位置，即可标出滚子从动件滚子中心B的起始位置点B_0。

(2)根据反转法原理，求出从动件反转角为δ_1时，其滚子中心点B的坐标方程式，即为凸轮理论轮廓方程式。

(3)作理论轮廓在点B处的法线$n-n$，标出凸轮实际轮廓上与点B对应的点T的位置。

(4)求出凸轮实际轮廓上点 T 的坐标方程式，即为凸轮实际轮廓方程式。

其他类型的凸轮机构的解析法设计过程与上述的过程类似，其关键是根据几何关系建立凸轮理论轮廓和实际轮廓的方程。

习题全解

以下解答中，δ_t、δ_s、δ_h、$\delta_{s'}$、δ、$r_{\min}$ 分别对应教材中的 Φ、Φ_s、Φ'、Φ'_s、φ、r_0。

3-1 解题过程 推程运动角 Φ 如题 3-1 解图所示。

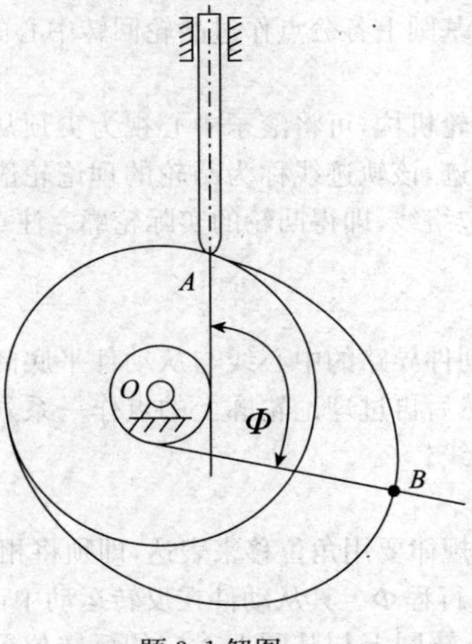

题 3-1 解图

3-2 解题过程 凸轮与从动件在点 D 接触时的压力角 α 如题 3-2 解图所示。

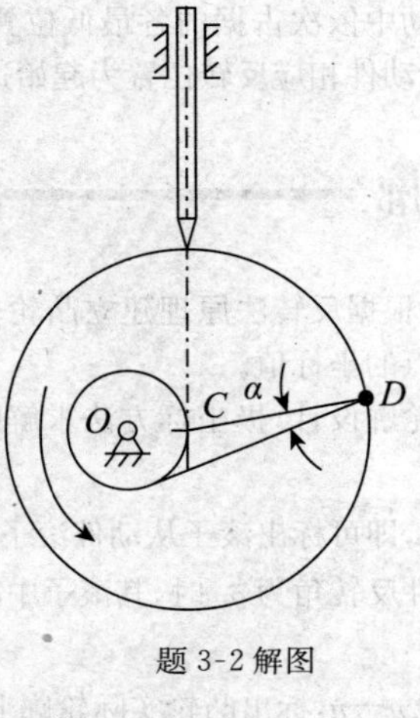

题 3-2 解图

3-3 解题过程 从动件在推程及回程段运动规律的位移、速度以及加速度方程分别如下：

(1)推程

$$\begin{cases} s_2=\dfrac{h}{2}\left[1-\cos\left(\dfrac{\pi}{\Phi}\varphi\right)\right] \\ v_2=\dfrac{\pi h\omega}{2\Phi}\sin\left(\dfrac{\pi}{\Phi}\varphi\right) \\ a_2=\dfrac{\pi^2 h\omega^2}{2\Phi^2}\cos\left(\dfrac{\pi}{\Phi}\varphi\right) \end{cases} \qquad 0°\leqslant\varphi\leqslant150°$$

(2)回程

等加速段

$$\begin{cases} s_2=h-\dfrac{2h}{\Phi'^2}\varphi^2 \\ v_2=-\dfrac{4h\omega}{\Phi'^2} \\ a_2=-\dfrac{4h\omega}{\Phi'^2} \end{cases} \qquad 0°\leqslant\varphi\leqslant60°$$

等减速段

$$\begin{cases} s_2=\dfrac{2h}{\Phi'^2}(\Phi'-\varphi)^2 \\ v_2=\dfrac{4h\omega}{\Phi'^2}(\Phi'-\varphi) \\ a_2=\dfrac{4h\omega^2}{\Phi'^2} \end{cases} \qquad 60°\leqslant\varphi\leqslant120°$$

设 ω=0.2rad/s。计算各分点的位移、速度以及加速度值，如题 3-3 表所示。

题 3-3 表

总转角/(°)	0	15	30	45	60	75	90	105
位移/mm	0	0.374	2.865	6.183	10.365	15	19.635	23.817
速度/(mm/s)	0	19.416	36.931	50.832	59.757	62.832	59.757	50.832
加速度/(mm/s²)	65.797	62.577	53.231	38.675	20.333	0	−20.333	38.675
总转角/(°)	120	135	150	165	180	195	210	225
位移/mm	27.135	29.66	30	30	30	29.066	26.250	21.563
速度/(mm/s)	36.932	19.416	0	0	0	−25	−50	−75
加速度/(mm/s²)	−53.231	−62.577	−65.797	0	−83.333	−83.333	−83.333	−83.333
总转角/(°)	240	255	270	285	300	315	330	345
位移/mm	15	8.438	3.75	0.938	0	0	0	0
速度/(mm/s)	−100	−75	−50	−25	0	0	0	0
加速度/(mm/s²)	−83.333	−83.333	83.333	83.333	83.333	0	0	0

根据题 3-3 表作图(因通常凸轮等角速转动,故横坐标同时也代表时间 t),如题 3-3 解图所示(注:为了图形大小协调,将位移曲线沿纵轴放大了 5 倍)。

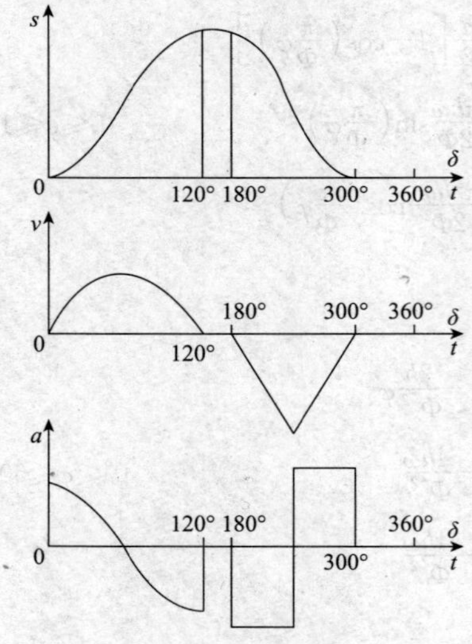

题 3-3 解图

3-4 解题过程 (1)如题 3-4 解图所示。

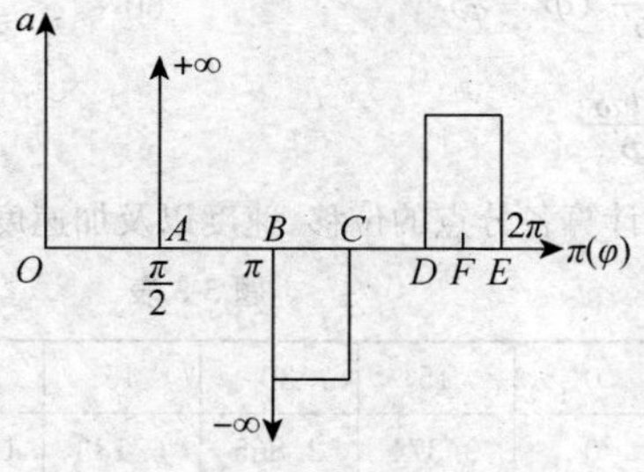

题 3-4 解图

(2)在 A、B 处存在刚性冲击,在 C、D、E 处存在柔性冲击。

(3)在 F 位置,从动件有惯性力作用,无冲击。

3-5 解题过程 (1)

1) $r_0=O_1A=30\text{mm}$

2) $h=O_1C-O_1A=60\text{mm}$

3) $\alpha_c=0°$

4) $h_D=\sqrt{O_1O^2+OD^2}-O_1A=37.08\ \text{mm}$

5) $\alpha_D=\arctan\left(\frac{O_1O}{OD}\right)=26.57°$

(2)

1) $r_0 = O_1A + r_r = 40\text{mm}$

2) $h = 60\text{mm}$(不变)

3) $\alpha_c = 0°$(不变)

4) $h_D = \sqrt{O_1O^2 + (R + r_r)^2} - r_0 = 36.16\text{mm}$

5) $\alpha_D = \text{arctg}\left(\dfrac{O_1O}{OD}\right) = 23.20°$

3-6 解题过程 作图如题 3-6 解图所示。由教材式(3-1)可知,$ds_2/d\varphi$ 取最大,同时 s_2 取最小时,凸轮机构的压力角最大。从下图知,这点可能在推程段的开始处或在推程的中点处。由图量得在推程的开始处凸轮机构的压力角最大,此时 $\alpha_{max} = 9.6° < [\alpha] = 30°$。

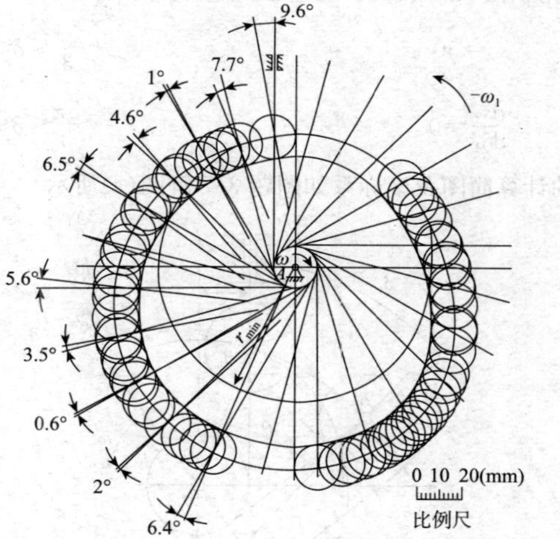

题 3-6 解图

3-7 解题过程 (1)当凸轮转角 δ_1 在 $0 \leqslant \delta_1 \leqslant 5\pi/6$ 过程中,从动件按简谐运动规律上升 $h = 30\text{mm}$。根据教材 43 页公式可得

$$s_2 = \frac{h}{2}\left[1 - \cos\left(\frac{\pi}{\delta_1}\delta_1\right)\right] \qquad 0 \leqslant \delta_1 \leqslant \frac{5\pi}{6}$$

$$\frac{ds_2}{d\delta_1} = \frac{\pi h}{2\delta_1}\sin\left(\frac{\pi}{\delta_1}\delta_1\right) \qquad 0 \leqslant \delta_1 \leqslant \frac{5\pi}{6}$$

当凸轮转角 δ_1 在 $5\pi/6 \leqslant \delta_1 \leqslant \pi$ 时,有

$$s_2 = 50 \qquad \frac{5\pi}{6} \leqslant \delta_1 \leqslant \pi$$

$$\frac{ds_2}{d\delta_1} = 0 \qquad \frac{2\pi}{3} \leqslant \delta_1 \leqslant \pi$$

当凸轮转角 δ_1 在 $\pi \leqslant \delta_1 \leqslant 4\pi/3$ 时,从动件按等加速度运动规律下降到升程的一半。

根据教材 43 页公式可得

$$s_2=\frac{2h}{\delta_h^2}(\delta_1-\delta_t-\delta_s)^2 \qquad \pi\leqslant\delta_1\leqslant\frac{4\pi}{3}$$

$$\frac{ds_2}{d\delta_1}=-\frac{4h}{\delta_h^2}(\delta_1-\delta_t-\delta_2) \qquad \pi\leqslant\delta_1\leqslant\frac{4\pi}{3}$$

当凸轮转角 δ_1 在 $4\pi/3\leqslant\delta_1\leqslant5\pi/3$ 时,从动件按等减速度运动规律下降到起始位置。根据教材 43 页公式可得

$$s_2=\frac{2h}{\delta_h^2}[\delta_h(\delta_1-\delta_t-\delta_s)]^2 \qquad \frac{4\pi}{3}\leqslant\delta_1\leqslant\frac{5\pi}{3}$$

$$\frac{ds_2}{d\delta_1}=\frac{4h}{\delta_h^2}[\delta_h-(\delta_1-\delta_t-\delta_t)] \qquad \frac{4\pi}{3}\leqslant\delta_1\leqslant\frac{5\pi}{3}$$

当凸轮转角 δ 在 $5\pi/3\leqslant\delta\leqslant2\pi$ 过程中,从动件近休,有

$$s_2=50 \qquad \frac{5\pi}{3}\leqslant\delta\leqslant2\pi$$

$$\frac{ds_2}{d\delta_1}=0 \qquad \frac{5\pi}{3}\leqslant\delta\leqslant2\pi$$

(2)本题的计算简图及坐标系如图题 3-7 解图(a)所示。

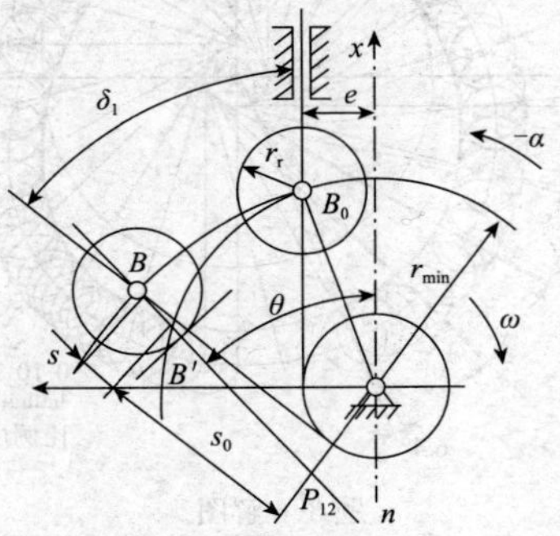

题 3-7 解图(a)

由图可知,凸轮理论轮廓上点 B(即滚子中心)的直角坐标为

$$x=(s_{\min}+s)\cos\delta_1-e\sin\delta_1$$
$$y=(s_{\min}+s)\sin\delta_1+e\cos\delta_1$$

其中,$s_2=\sqrt{r_{\min}^2-e^2}$

由图可知,凸轮实际轮廓上点 B'的直角坐标为

$$x'=x-r_T\cos\theta$$
$$y'=y-r_T\sin\theta$$

因

$$\frac{dy}{d\delta_1}=\left(\frac{ds}{d\delta_1}-e\right)\sin\delta_1+(s_0+s)\cos\delta_1$$

$$\frac{dx}{d\delta_1}=\left(\frac{ds}{d\delta_1}-e\right)\cos\delta_1-(s_0+s)\sin\delta_1$$

故

$$\sin\theta = -\frac{dx/d\delta_1}{\sqrt{(dx/d\delta_1)^2+(dy'd\delta_1)^2}}$$

$$\cos\theta = \frac{dy'd\delta_1}{\sqrt{(dx/d\delta_1)^2+(dy'd\delta_1)^2}}$$

则

$$x' = x - 10\cos\theta$$
$$y' = y - 10\sin\theta$$

凸轮轮廓线如题 3-7 解图(b)所示。

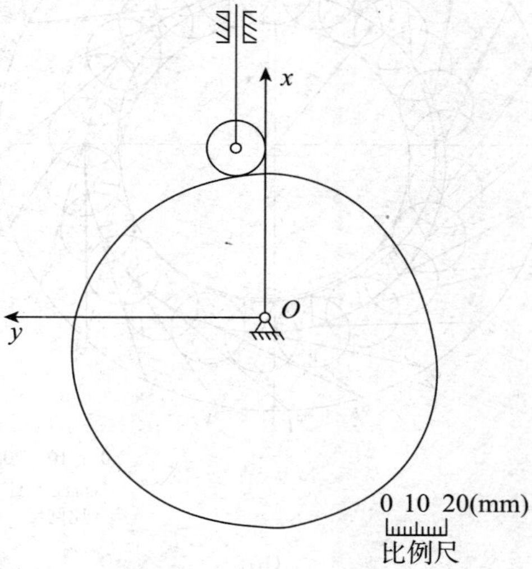

题 3-7 解图(b)

3-8 解题过程 从动件在推程及回程段运动规律的角位移方程为

推程

$$\delta_2 = \delta_{2\max}[1-\cos(\pi\delta_1/\delta_1)]/2 \qquad 0° \leqslant \delta_1 \leqslant 150°$$

回程

$$\delta_2 = \delta_{2\max}[1+\cos(\pi\delta_1/\delta_h)]/2 \qquad 0° \leqslant \delta_1 \leqslant 120°$$

各分点的位移值计算结果如题 3-8 表所示。

题 3-8 表

总转角(°)	0	15	30	45	60	75	90	105
角位移/(°)	0	0.367	1.432	3.092	5.182	7.5	9.818	11.908
总转角/(°)	120	135	150	165	180	195	210	225
角位移/(°)	13.568	14.633	15	15	15	14.429	12.803	0.370
总转角/(°)	240	255	270	285	300	315	330	345
角位移/(°)	7.5	4.630	2.197	0.571	0	0	0	0

根据题 3-8 表作图,如题 3-8 解图(a)(b)所示。

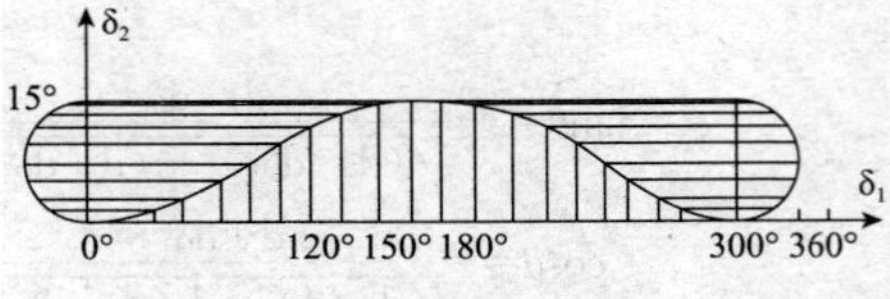

(a)

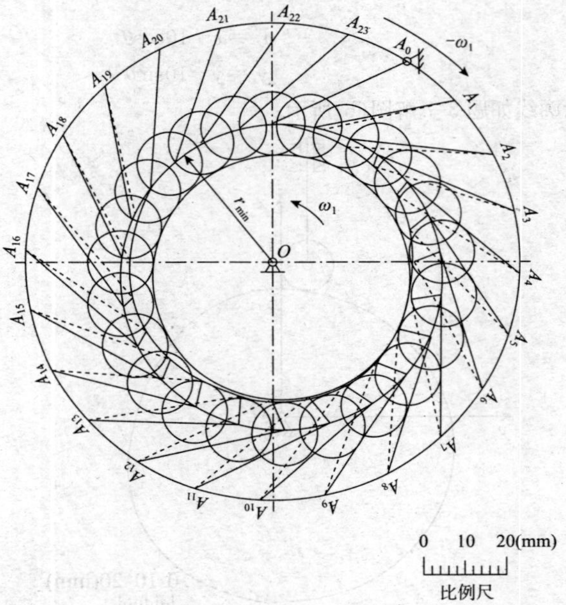

(b)

题 3-8 解图

3-9 解题过程 从动件在推程及回程段运动规律的位移方程为

推程：$s_2 = h[1 - \cos(\pi\delta_1/\delta_t)]/2$　　　　$0° \leqslant \delta_1 \leqslant 120°$

回程：$s_2 = h[1 + \cos(\pi\delta_1/\delta_t)]/2$　　　　$0° \leqslant \delta_1 \leqslant 120°$

各分点的位移值计算结果如题 3-9 表所示。

题 3-9 表

总转角/(°)	0	15	30	45	60	75	90	1005
位移/mm	0	0.761	2.929	6.173	10	13.827	17.071	19.239
总转角(°)	120	135	150	165	180	195	210	225
位移/mm	20	20	20	19.239	17.071	13.827	10	6.173
总转角(°)	240	255	270	285	300	315	330	345
位移/mm	2.929	0.761	0	0	0	0	0	0

根据题 3-9 表作图，如题 3-9 解图所示。

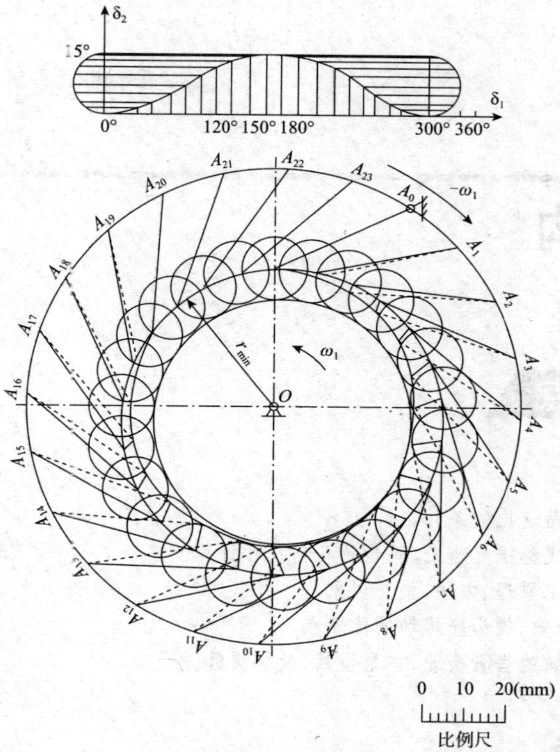

题 3-9 解图

3-10 解题过程 略。

第四章

齿轮机构

本章知识要点

(1)渐开线的特性。
(2)齿廓要实现定角速比的条件。
(3)正常齿制渐开线标准直齿轮、斜齿轮几何尺寸计算。
(4)齿轮的切削加工原理、方法，根切现象。
(5)变位齿轮、斜齿轮、锥齿轮传动的优缺点。
(6)斜齿轮与锥齿轮的当量齿轮、当量齿数、最少齿数。

知识点归纳

4.1 齿轮机构的特点和类型

齿轮机构的特点

齿轮机构的主要优点：

- 适用速度和功率范围广。
- 效率高。
- 传动比稳定。
- 寿命长。
- 工作可靠。
- 可实现平行轴、相交轴、任意交错轴之间的传动。

齿轮机构的主要缺点：

- 制造和安装精度要求高、成本高。
- 不能实现远距离两轴之间的传动。

齿轮机构的类型

- 齿轮机构
  - 两轴平行的齿轮机构——圆柱齿轮机构
    - 直齿
      - 外啮合
      - 内啮合
      - 齿轮与齿条
    - 斜齿
    - 人字齿
  - 两轴不平行的齿轮机构（空间齿轮机构）
    - 两轴相交的齿轮机构（锥齿轮机构）
      - 直齿
      - 曲齿
    - 两轴交错的齿轮机构
      - 交错轴斜齿轮（螺旋齿轮）
      - 蜗轮蜗杆

4.2　齿廓实现定角速比传动的条件

齿轮传动的基本特征之一就是其瞬时角速度比不变。欲保证这一特征，相互啮合的两齿廓必须满足一定要求：不论齿廓在任何位置接触，过接触点所作的齿廓公法线必须与连心线交于一定点。

齿廓接触点的公法线与两齿轮连心线的交点称为节点 C，以两齿轮的中心 O_1、O_2 为圆心，过节点 C 的两圆称为节圆，节圆半径分别以 r_1'、r_2'表示。两节圆相切于节点，一对齿轮传动时，它的两节圆作纯滚动，其角速度比就等于两节圆半径的反比，即 $i=\omega_1/\omega_2=r_2'/r_1'$。

4.3　渐开线齿廓

渐开线

（见图 4-1）当一直线在一圆周上作纯滚动时，直线上任一点的轨迹称为该圆的渐开线。该圆为渐开线的基圆（半径为 r_b），这条直线称为发生线，α_K 称为压力角。

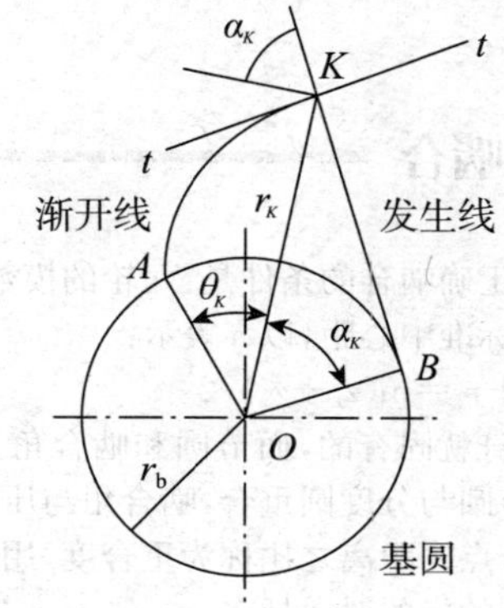

图 4-1

渐开线的特性

发生线沿基圆滚过的长度 BK 与基圆上被滚过的圆弧长度 AB 相等，即

$$BK=\widehat{AB}$$

渐开线上任意点 K 的法线 BK 必与基圆相切。

渐开线上各点的压力角 $\cos\alpha_K=r_b/r_K$。渐开线在基圆上的压力角为零，离基圆越远，压力角越大。

渐开线的形状决定于基圆的大小。基圆大小不同，渐开线形状不同，基圆越大，渐开线越平直，基圆无穷大时，渐开线变为一直线。基圆之内无渐开线。

渐开线齿廓的啮合特点

(1)渐开线齿廓满足定角速比要求。根据渐开线特性，过啮合点所作的两齿廓公法线必同时与两基圆相切。而基圆位置不变，同一方向的内公切线只有一条，它与连心线的交点位置是不变的，故渐开线齿廓满足定角速比要求。

(2)渐开线齿轮传动的可分性。一堆渐开线齿轮制成后，其基圆半径是不能改变的，因而即使两轮的中心距稍有改变，其角速比仍保持原值不变。这种性质称为渐开线齿轮传动的可分性。

(3)啮合角为常数。

4.4 渐开线标准齿轮的尺寸计算

渐开线标准直齿圆柱齿轮

分度圆上齿厚与齿槽宽相等，且齿顶高和齿根高为标准值的齿轮称为标准齿轮。其基本参数有齿数 z、模数 m、压力角 α、齿顶高系数 h^*、顶隙系数 c^* 五个。只要这五个基本参数确定，则直齿圆柱齿轮的其他几何尺寸即可确定。

渐开线标准直齿圆柱齿轮两侧齿廓都是在基圆 $d_b=d\cos\alpha=mz\cos\alpha$ 上形成的对称渐开线齿廓曲线，然而齿轮几何尺寸的计算是以分度圆为基准的。分度圆直径 $d=mz$；齿轮的齿厚、齿槽宽、齿距指的是分度圆上的齿厚、齿槽宽、齿距，且齿厚与齿槽宽相等，$s=e=p/2=\pi m/2$；轮齿沿径线方向在分度圆以外为齿顶高 $h_a=h_a^*m$；轮齿沿径线方向在分度圆以内为齿根高 $h_f=(h_f^*+c^*)m$；两者之和即为全齿高。

4.5 渐开线标准齿轮的啮合

一对渐开线标准直齿圆柱齿轮正确啮合的条件是：两轮的模数和压力角必须分别相等。一对标准齿轮分度圆相切时的中心距称为标准中心距，以 a 表示：

$$a=r_1+r_2=m(z_1+z_2)/2$$

分度圆和压力角是单个齿轮本身就固有的，而节圆和啮合角是两个齿轮相互啮合时才出现的。当标准齿轮按标准中心距安装时，节圆与分度圆重合，啮合角与压力角相等。

重合度：实际啮合线段与两啮合点间距离之比称为重合度，用 ε 表示，即 ε＝实际啮合线段/啮合点间距。重合度越大，表示同时啮合的齿的对数越多。

齿轮连续传动的条件：要保证两齿轮连续传动，必须保证前一对齿尚未退出啮合时，后一对齿已进入啮合，即其重合度不小于 1。

4.6 渐开线齿轮的切齿原理

成形法

成形法是用渐开线齿形的成形刀具(常用的有盘形铣刀和指状铣刀)直接切出齿形。这种方法简单,不需要专用机床,但生产效率低,精度差。

范成法

范成法是利用一对齿轮(或齿轮与齿条)互相啮合时,其共轭齿廓互为包络线的原理来切齿的。如果把其中一个齿轮或齿条做成刀具,并与齿轮轮坯作范成运动,就可把轮坯切制出与刀具共轭的渐开线齿廓。范成法加工齿轮的常用刀具有齿轮插刀、齿条插刀、齿轮滚刀。

4.7 根切、最少齿数及变位齿轮

根切和最少齿数

用范成法加工齿轮时,若刀具齿顶线超出齿轮理论啮合线的极限点时,超过极限点的刀刃不仅不能范成渐开线齿廓,而且会将根部齿渐开线齿廓将切去一部分,这种现象称为根切。

标准齿轮发生根切的与否取决于齿数的多少。对于 $h_a^*=1$,$\alpha=20°$的正常齿制标准渐开线齿轮,不发生根切的最少齿数 $z_{min}=17$;对于 $h_a^*=0.8$,$\alpha=20°$的短齿制标准渐开线齿轮,不发生根切的最少齿数 $z_{min}=14$。

根切会使齿根削弱,严重时还会使重合度减小,强度降低,所以要避免。对于正常齿制标准渐开线齿轮,要使其齿数 $z \geqslant z_{min}$。若要求齿数 $z<z_{min}$,而又要避免根切的唯一途径是采用变位齿轮。

变位齿轮及其齿厚的确定

改变刀具与齿轮轮坯的相对位置,使刀具的分度圆或分度线与齿轮轮坯分度圆不再相切的切齿方法加工出来的齿轮称为变位齿轮。以切削标准齿轮时的位置为基准,刀具的移动距离 xm 称为变位量,x 称为变位系数。当 $x>0$ 时,表示刀具远离轮坯中心向外移,称为正变位;反之,当 $x<0$ 时,表示刀具趋近于轮坯中心向里移,称为负变位;当 $x=0$ 时,则表示标准齿轮。

变位齿轮的优点:

(1)当被切齿轮齿数 $z<z_{min}$时,可通过正变位加工出不根切的齿轮。

(2)可以实现非标准中心距的无侧隙传动。

(3)用变位齿轮啮合传动时,可以改善啮合传动性能,提高小齿轮的抗弯强度。

变位齿轮的几何尺寸参数:

变位齿轮与标准齿轮的齿廓曲线均是在同基圆上展开的渐开线,只是截取的线段不同。无论是标准齿轮还是变位齿轮,它们的模数、压力角和齿距都分别与刀具一样,故齿轮变位前后,其模数 m、压力角 α、齿距 p、分度圆直径 $d=mz$、基圆直径 $d_b=d\cos\alpha$ 均相同。虽然变位后分度圆上的齿距不变 $p=s+e$,但齿厚 s 和齿槽宽 e 却不等,$s=\pi m/2+2xm\tan\alpha$,$e=\pi m/2-2xm\tan\alpha$。变位齿轮的齿顶高 h_a 和齿根高 h_f 也发生变化,即 $h_a=(h_a^*+x)m$,$h_f=(h_a^*+c^*-x)m$,从而齿顶圆 d_a 和齿根圆 d_f 也与标准齿轮不同。

变位齿轮传动的类型

（1）等移距变位齿轮传动。

等移距变位齿轮传动是一种无侧隙啮合传动。两轮变位系数绝对值相等，但小齿轮正变位 $x_1>0$，大齿轮负变位 $x_2<0$，且 $x_1=-x_2\neq0$。中心距仍为标准中心距，啮合角等于压力角。这种传动可以减少小齿轮的齿数，增大小齿轮根部的齿厚，从而提高齿轮传动质量。

（2）不等移距变位齿轮传动。

不等移距变位齿轮传动是指除标准齿轮传动和等移距变位齿轮传动之外的变位传动，即指小、大齿轮的变位量不等（$x_1\neq-x_2$）。当实际中心距 a' 与标准中心距 a 不等时，可采用这种传动凑配出符合实际的中心距。当 $a'>a$ 时，两轮分度圆相离，应使 $x_1+x_2>0$；当 $a'<a$ 时，两轮分度圆相交，应使 $x_1+x_2<0$。

4.8 平行轴斜齿轮机构

斜齿轮啮合的共轭齿廓曲线

图 4-2 表示互相啮合的一对渐开线斜齿轮齿廓曲面。平面 S 为轴线平行的两基圆柱的内公切面，面上有一条与母线 N_1N_1、N_2N_2 成 β_b 角的斜直线 KK。当平面 S 分别在基圆柱 1 和 2 上纯滚动时，直线 KK 的轨迹即为齿轮 1 和 2 的齿廓曲面。

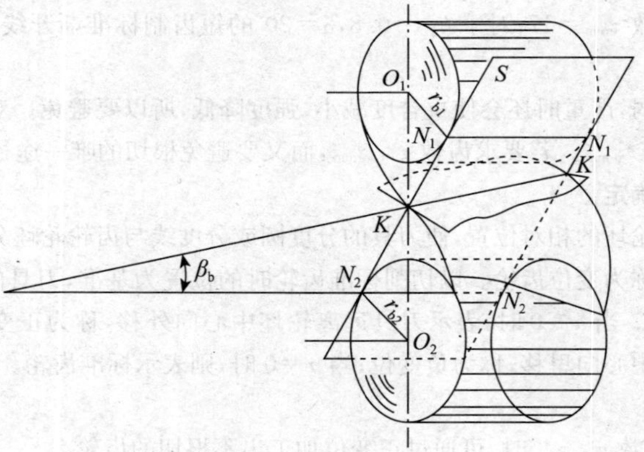

图 4-2

两个齿廓曲面的接触线始终在两基圆柱的内公切面上。斜齿轮的齿廓是逐渐进入接触又逐渐脱离接触的，故工作平稳。而一对直齿轮轮廓的进入接触和脱离接触都是突然发生的，噪声较大，不适于高速传动。

斜齿轮齿廓曲线端面的齿廓曲线为渐开线，一对渐开线齿轮传动也满足定角速比的要求。一对斜齿轮的正确啮合，除了两轮的模数和压力角必须相等外，两轮分度圆柱螺旋角（简称螺旋角）也必须大小相等、方向相反，一为左旋，一为右旋。

斜齿轮各部分名称和几何尺寸计算

斜齿圆柱齿轮的齿面是螺旋形，基本参数共六个，与直齿轮相比多了一个螺旋角 β。螺旋角的大小对斜齿轮传动性能影响很大，若 $\beta=0$，斜齿轮就退化为直齿轮；β 越大，则斜齿轮就更加传动平稳、重合度越大、承载能力越强等；若 β 太大，则会产生很大的轴向力，设计中一般取 $\beta=8^\circ\sim20^\circ$。斜齿轮的旋向可以这样判断：把斜齿圆柱齿轮轴线垂直放置，螺旋线左侧高就是左旋，右侧高就是右旋。

渐开线正常齿标准斜齿圆柱齿轮的几何尺寸计算公式见教材 68 页表 4-4。

斜齿轮传动的重合度

斜齿轮的重合度计算公式为

$$\varepsilon=\varepsilon_t+\varepsilon_\beta=\varepsilon_t+\frac{b\tan\beta}{p_t}$$

斜齿轮传动的重合度比端面齿廓完全相同的直齿轮大 $b\tan\beta/p_t$，且随着斜齿轮的齿宽 b 和螺旋角 β 的增大而增大，可达到很大的数值，这也是斜齿轮传动平稳、承载能力高的主要原因之一。

斜齿轮传动的特点

与直齿轮相比，斜齿轮具有以下优点：

(1)啮合性能好：轮齿进入和脱离啮合渐进渐退，传动平稳，噪音小。

(2)重合度大，相对提高齿轮承载能力，延长寿命。

(3)范成加工不易根切、制造成本与直齿轮同、最少齿数更少。

其缺点为：产生轴向力，且随着螺旋角的增大而增大，使轴系结构复杂。

4.9 锥齿轮机构

锥齿轮概述

一对锥齿轮的运动相当于一对节圆锥的纯滚动。

锥齿轮传动的传动比为

$$i=\frac{\omega_1}{\omega_2}=\frac{z_2}{z_1}=\frac{r_2}{r_1}=\frac{\sin\delta_2}{\sin\delta_1}$$

直齿锥齿轮几何尺寸计算

圆锥体有大端和小端，一对直齿圆锥齿轮正确啮合的条件：两轮大端的模数和压力角必须分别相等；两轮的锥距相等，锥顶重合。

直齿锥齿轮按顶隙不同分为不等顶隙收缩齿和等顶隙收缩齿两种。当轴交角 $\Sigma=90°$时，一对标准直齿锥齿轮各部分名称和几何尺寸计算见教材 70 页表 4-5。

习题全解

4-1 解题过程 分度圆直径

$$d_1=mz_1=3\times19=57\text{mm}$$
$$d_2=mz_2=3\times41=123\text{mm}$$

齿顶高

$$h_a=h_a^* m=3\text{mm}$$

齿根高

$$h_f=(h_a^*+c^*)m=(1+0.25)\times3=3.75\text{mm}$$

顶隙

$$c=c^* m=0.25\times 3=0.75\text{mm}$$

中心距

$$a=\frac{1}{2}m(z_1+z_2)=\frac{1}{2}\times 3\times(19+41)=90\text{mm}$$

齿顶圆直径

$$d_{a1}=d_1+2h_a=57+2\times 3=63\text{mm}$$
$$d_{a2}=d_2+2h_a=123+2\times 3=129\text{mm}$$

齿根圆直径

$$d_{f1}=d_1-2h_f=57-2\times 3.75=49.5\text{mm}$$
$$d_{f2}=d_2-2h_f=123-2\times 3.75=115.5\text{mm}$$

基圆直径

$$d_{b1}=d_1\cos\alpha=57\cos 20^\circ=53.56\text{mm}$$
$$d_{b2}=d_2\cos\alpha=123\cos 20^\circ=115.58\text{mm}$$

齿距

$$p_1=p_2=\pi m=3.14\times 3=9.42\text{mm}$$

齿厚、齿槽宽

$$s_1=s_2=e_1=e_2=p/2=9.42/2=4.71\text{mm}$$

4-2 **解题过程** 由

$$a=\frac{1}{2}m(z_1+z_2)$$

可得

$$m=\frac{2a}{z_1+z_2}=\frac{2\times 160}{20+60}=4\text{mm}$$

则分度圆直径为

$$d_1=mz_1=4\times 20=80\text{mm}$$
$$d_2=mz_2=4\times 60=240\text{mm}$$

4-3 **解题过程** 由

$$d_a=d+2h_a=mz+2h_a^* m=mz+2m$$

得该齿轮模数为

$$m=\frac{d}{z+2}=\frac{135}{25+2}=5\text{mm}$$

4-4 **解题过程** 分度圆的半径为

$$r=mz/2=5\times 40/2=100\text{mm}$$

则分度圆上渐开线齿廓的曲率半径为

$$\rho=\sqrt{r^2-r_b^2}=\sqrt{100^2-93.97^2}=34.2\text{mm}$$

压力角为

$$\alpha=20^\circ$$

基圆半径为

$$r_b=r\cos\alpha=100\times\cos 20^\circ=93.97\text{mm}$$

基圆上渐开线齿廓的曲率半径为 0，压力角为 0°。
齿顶圆半径为

$$r_a=r+h_a^* m=100+5=105\text{mm}$$

则齿顶圆上渐开线齿廓的曲率半径为

$$\rho_a=\sqrt{r_a^2-r_b^2}=\sqrt{105^2-93.97^2}=46.85\text{mm}$$

其压力角为

$$\alpha_a=\arccos\frac{r_b}{r_a}=\arccos\frac{93.97}{105}=26.5°$$

4-5 解题过程 正常齿制渐开线标准直齿圆柱齿轮的齿根圆直径

$$d_f=d-2h_f=mz-2.5m$$

基圆直径为

$$d_b=d\cos\alpha=mz\cos20°$$

若 $d_f>d_b$,则

$$mz-2.5m>mz\cos20°$$

即

$$z\geqslant42$$

因此当 $z<42$ 时,正常齿制渐开线标准直齿圆柱齿轮的基圆大于齿根圆;$z\geqslant42$ 时,基圆小于齿根圆。

4-6 解题过程 该对齿轮的中心距为

$$a=\frac{1}{2}\text{m}(z_2-z_1)=\frac{1}{2}\times4\times(60-20)=80\text{mm}$$

内齿轮的分度圆直径为

$$d_2=mz_2-=4\times60=240\text{mm}$$

内齿轮的齿顶圆直径为

$$d_{a2}=d_2-2h_a=240-2\times4=232\text{mm}$$

内齿轮的齿根圆直径为

$$d_{f2}=d_2+2h_f=240+2\times1.25\times4=250\text{mm}$$

4-7 解题过程 证明:产生根切的原因是齿顶线超过了 N_1 点,不发生根切的临界位置是极限点 N_1 正好在刀具的顶线上(见题 4-7 解图)。此时有

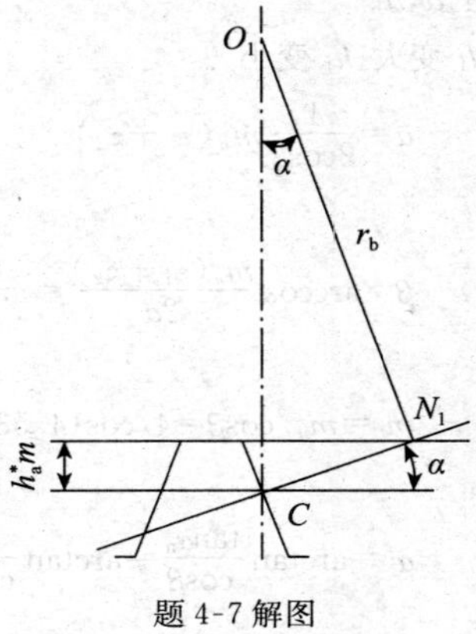

题 4-7 解图

$$z_{\min}=\frac{2\,\overline{O_1C}}{m}=\frac{2\,\overline{CN_1}}{m\sin\alpha}=\frac{2h_a^*}{\sin^2\alpha}$$

对正常齿制标准齿轮，代入 $h_a^*=1,\alpha=20°$可得

$$z_{\min}=\frac{2\times1}{\sin^2 20°}\approx17$$

对短齿制标准齿轮，代入 $h_a^*=0.8,\alpha=20°$可得

$$z_{\min}=\frac{2\times0.8}{\sin^2 20°}\approx14$$

4-8 解题过程 如题 4-8 解图所示，a、c 两点为卡脚与渐开线齿廓的切点，则线段 ac 即为渐开线的法线。由渐开线的特性：渐开线的法线必与基圆相切，可知切点为 b。

再根据发生线沿基圆滚过的长度，等于基圆上被滚过的弧长，则

$$W_3=\overline{ab}+\overline{bc}=AC=2p_b+s_b$$

即对于任一渐开线齿轮，基圆齿厚与基圆齿距均为定值，卡尺的位置不影响测量结果。

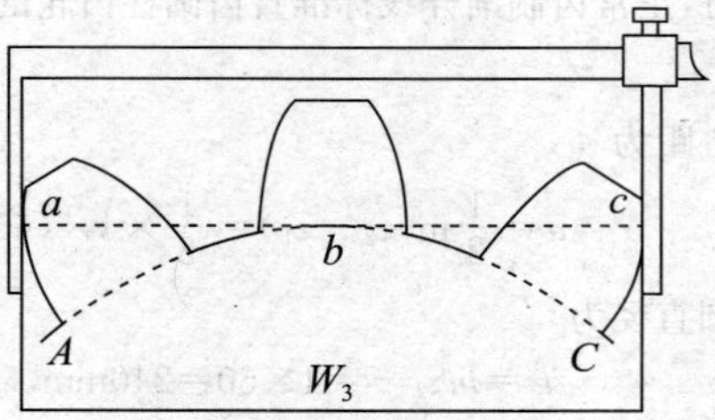

题 4-8 解图

4-9 解题过程 模数相等、压力角相等的两个齿轮，分度圆齿厚 $s=\pi m/2$ 相等。但是齿数多的齿轮分度圆直径大，所以基圆直径就大。根据渐开线的性质可知渐开线的形状取决于基圆的大小，若基圆小，则渐开线曲率大，基圆大，则渐开线越趋于平直。因此，齿数多的齿轮与齿数少的齿轮相比，齿顶圆齿厚和齿根圆齿厚均为大值。

4-10 解题过程 不变的参数有：m,α,d,d_b

变的参数有：s,s_f,d_f 变大；h_f 变小

4-11 解题过程 由

$$a=\frac{1}{2\cos\beta}m_n(z_1+z_2)$$

可得螺旋角

$$\beta=\arccos\frac{m_n(z_1+z_2)}{2a}=\arccos\frac{4\times(23+98)}{2\times250}=14.53°$$

端面模数

$$m_t=m_n/\cos\beta=4/\cos14.53=4.13\text{mm}$$

端面压力角

$$\alpha_t=\arctan\frac{\tan\alpha_n}{\cos\beta}=\arctan\frac{\tan20°}{\cos14.53°}=20.61°$$

当量齿数

$$z_{v1}=\frac{z_1}{\cos^3\beta}=\frac{23}{\cos^3 14.53°}\approx 25$$

$$z_{v2}=\frac{z_2}{\cos^3\beta}=\frac{98}{\cos^3 14.53}\approx 108$$

分度圆直径

$$d_1=\frac{m_n z_1}{\cos\beta}=\frac{4\times 23}{\cos 14.53°}=95.04\text{mm}$$

$$d_2=\frac{m_n z_2}{\cos\beta}=\frac{4\times 98}{\cos 14.53°}=404.95\text{mm}$$

齿顶圆直径

$$d_{a1}=d_1+2h_a=95.04+2\times 4=103.04\text{mm}$$

$$d_{a2}=d_2+2h_a=404.95+2\times 4=412.95\text{mm}$$

齿根圆直径

$$d_{f1}=d_1-2h_f=95.04-2\times 1.25\times 4=85.04\text{mm}$$

$$d_{f2}=d_2-2h_f=404.95-2\times 1.25\times 4=394.95\text{mm}$$

4-12 解题过程 (1)$m_t=m_n/\cos\beta$，而

$\cos\beta=m_n(z_1+z_2)/2a$

则有

$$m_t=\frac{2a}{z_2+z_2}=2.075$$

取 $m_t=2$，则直齿轮杆齿轮的标准中心距为

$$a=\frac{m(z_2+z_2)}{2}=53$$

其值小于实际中心距，故能采用直齿轮圆柱齿轮。

(2)若采用标准斜齿轮圆柱齿轮传动，由

$$a=\frac{1}{2\cos\beta}m_n(z_1+z_2)$$

可得螺旋角为

$$\beta=\arccos\frac{m_n(z_1+z_2)}{2a}=\arccos\frac{2\times(21+32)}{2\times 55}=15.5°$$

则分度圆直径为

$$d_1=\frac{m_n z_1}{\cos\beta}=\frac{2\times 21}{\cos 15.5}=43.59\text{mm}$$

$$d_2=\frac{m_n z_2}{\cos\beta}=\frac{2\times 32}{\cos 15.5}=66.42\text{mm}$$

节圆与分度圆重合，则节圆直径为

$d'_1=d_1=43.59\text{mm}$，$d'_2=d_2=66.42\text{mm}$

4-13 解题过程 分度圆锥角

$$\delta_1=\arctan\frac{z_1}{z_2}=\arctan\frac{17}{43}=21.57°=21°34'12''$$

$$\delta_2=90°-21°34'12''=68°25'48''$$

分度圆直径

$$d_1=m_e z_1=3\times17=51\text{mm}$$
$$d_2=m_e z_2=3\times43=129\text{mm}$$

齿顶圆直径

$$d_{a1}=d_1+2m_e\cos\delta_1=51+2\times3\times\cos21.57°=56.58\text{mm}$$
$$d_{a2}=d_2+2m_e\cos\delta_2=129+2\times3\times\cos68.43°=131.21\text{mm}$$

齿根圆直径

$$d_{f1}=d_1-2.4m_e\cos\delta_1=51-2.4\times3\times\cos21.57°=44.30\text{mm}$$
$$d_{f2}=d_2-2.4m_e\cos\delta_2=129-2.4\times3\times\cos68.43°=126.36\text{mm}$$

外锥距

$$R_e=\frac{d_1}{2\sin\delta_1}=\frac{51}{2\sin21.57°}=69.36\text{mm}$$

由于等顶隙,则齿顶角、齿根角为

$$\theta_a=\theta_f=\arctan\frac{1.2m_e}{R_e}=\arctan\frac{1.2\times3}{69.36}=2.97°=2°58'12''$$

顶锥角

$$\delta_{a1}=\delta_1+\theta_a=21°34'12''+2°58'12''=24°32'24''$$
$$\delta_{f2}=\delta_2+\theta_f=68°25'48''+2°58'12''=71°24'$$

根锥角

$$\delta_{f1}=\delta_1-\theta_f=21°34'12''-2°58'12''=18°36'$$
$$\delta_{f_2}=\delta_2-\theta_f=68°25'48''-2°58'12''=65°27'36''$$

当量齿数

$$z_{v1}=\frac{z_1}{\cos\delta}=\frac{17}{\cos21.57°}\approx18$$

$$z_{v2}=\frac{z_2}{\cos\delta_2}=\frac{43}{\cos68.43°}\approx117$$

4-14 解题过程 (1)直齿圆柱齿轮正确啮合的条件是:$m_1=m_2=m,\alpha_1=\alpha_2=\alpha$。

(2)斜齿圆柱齿轮正确啮合的条件是:$m_{n1}=m_{n2}=m,\alpha_{n1}=\alpha_{n2}=\alpha,\beta_1=-\beta_2$。

(3)直齿圆锥齿轮正确啮合的条件是:$m_1=m_2=m,\alpha_1=\alpha_2=\alpha$。

第五章

轮　系

本章知识要点

(1)周转轮系的基本概念。

(2)轮系传动比的计算。

知识点归纳

5.1　轮系的类型及应用

由一系列互相啮合的齿轮组成的传动系统称为轮系。

轮系的分类

(1)定轴轮系。轮系中各个齿轮的几何轴线都是固定的。

(2)周转轮系。轮系中至少有一个齿轮的几何轴线绕另一齿轮的几何轴线转动。

轮系的主要应用

(1)相距较远的两轴之间的传动。

(2)实现变速传动。

(3)获得大传动比。

(4)进行运动的合成和分解。

5.2　定轴轮系及其传动比

轮系的传动比是指所研究轮系中的首末两构件(输入轴与输出轴)的角速度(或转速)之比。

定轴轮系中，每个齿轮的几何轴线位置都是固定的，因此其传动比计算比较容易。需要指出的是，计算传动比时不仅要确定它的数值，还要指明轮子的转向。

传动比的数值计算

$$\text{定轴轮系传动比大小}=\frac{\text{所有从动轮齿数的乘积}}{\text{所有主动轮齿数的乘积}}$$

首末两轮转向的判断

(1)箭头法。

即假定首轮的转向(或依题意给定的方向)，用箭头在图上表示，根据啮合情况，依次将每个轮子的转向在图上标注出来，最后可以得到末轮的转向。一般画箭头时有以下原则：

1)外啮合齿轮：两箭头相对或相背。

2)内啮合齿轮：两箭头同向。

3)圆锥齿轮：两箭头同时指向节点或同时背离节点。

4)蜗杆传动：左手或右手定则。

5)同轴齿轮：两箭头同向。

(2)正、负号法。

对于轮系所有齿轮轴线平行的轮系，由于两轮的转向相同或者相反，因此我们规定：两轮转向相同，其传动比取“＋”；转向相反，其传动比取“－”。其“＋”“－”可以用箭头法判断出的两轮转向关系来确定。对所有齿轮轴线都平行的定轴轮系，也可以按照轮系中外啮合齿轮的对数来确定传动比为“＋”或“－”。设从首轮到末轮中外啮合的齿轮的对数为 m 对，则首末轮传动比的计算公式为

$$i_{1K}=\frac{n_1}{n_k}=(-1)^m\ \frac{z_2 z_3 z_4 \cdots z_K}{z_1 z_{2'} z_{3'} \cdots z_{(K-1)'}}$$

当数值为“＋”时，表示首末两轮的转向相同；为“－”时，表示两轮的转向相反。

(3)惰轮。

轮系中有一种齿轮，在啮合时，既是前一级啮合的从动轮，又是后一级的主动轮，它对传动比数值计算没有影响，而对轮子的转向却起作用，这种齿轮称为惰轮或过桥齿轮。

5.3 周转轮系及其传动比

周转轮系的组成

所谓周转轮系，是指轮系中一个或几个齿轮的轴线位置相对机架不是固定的，而是绕其他齿轮的轴线转动的。

周转轮系中的主要构件有：

(1)行星轮。在周转轮系中，轴线位置变动的齿轮，即既作自转又作公转的齿轮。

(2)行星架。支撑行星轮，既作自转又作公转的构件，又称为转臂。

(3)中心轮。轴线位置固定的齿轮，又称为太阳轮。

其中行星架与中心轮的几何轴线必须重合。

根据轮系的自由度可将周转轮系分为：

• 差动轮系，机构自由度为2。

• 行星轮系，机构自由度为1。

周转轮系传动比的计算

采用相对速度法或反转法进行周转轮系传动比的计算。其计算的基本原则就是给整个机构加上“$-n_H$”，将其转化为定轴轮系，按照定轴轮系传动比的计算方法进行计算。设 n_G 和 n_K 为周转轮系中任意两个齿轮 G 和 K 的转速，n_H 为行星架的转速，则基本的计算公式为

$$i_{GK}^{H}=\frac{n_G^H}{n_K^H}=\frac{n_G-n_H}{n_K-n_H}=(\pm)\frac{\text{转化轮系从}G\text{至}K\text{所有从动轮齿数和乘积}}{\text{转化轮系从}G\text{至}K\text{所有主动轮齿数的乘积}}$$

应用上式时要注意以下两点：

(1)只有两轴平行时，两轴转速才能代数相加，因此上式只适用于输入、输出轴轴线与系杆 H 的回转轴线重合或平行时的情况。

(2)将 n_G、n_K、n_H 的数值代入上式时，必须同时带上“±”号。

5.4 复合轮系及其传动比

在机械中，常用到由几个基本周转轮系或定轴轮系和周转轮系组合而成的复合轮系。因此计算的步骤是：

(1)将该混合轮系所包含的各个定轴轮系和各个基本周转轮系一一划分出来。

(2)找出各基本轮系之间的连接关系。

(3)分别计算各定轴轮系和周转轮系传动比的计算关系式。

(4)联立求解这些关系式，从而求出该混合轮系的传动比。

分解轮系的关键在于正确找出各个基本的周转轮系。找周转轮系的一般步骤如下：

(1)找行星轮，即找轴线位置不固定的齿轮。

(2)确定行星架，即支撑行星轮运转的构件。

(3)找中心轮，即直接与行星轮相啮合的定轴齿轮。

将周转轮系分出来后，剩下的就是定轴轮系了。

5.5 几种特殊的行星传动简介

渐开线少齿差行星传动

这种传动通常由一个固定的中心轮、行星架和行星轮组成。其中行星架为输出轴。这种传动特

点是传动比大、结构紧凑、体积小、重量轻、加工容易，但承载能力低。

摆线针轮行星传动

这种传动机构的原理与渐开线少齿差行星传动机构基本相同，只是齿廓曲线不同。中心轮的内齿是带套筒的圆柱销形针齿，行星轮的齿廓是短幅外摆线的等距曲线。摆线针轮行星传动的传动特点是传动比范围较大，单级传动的传动比为 9～87，两级传动的传动比可达 121～7569。

谐波齿轮传动

这种传动机构中的行星轮可以产生较大的弹性形变，又叫柔轮。这种传动由美国的 C. W. Wusser 发明，它是通过波发生器所产生的连续移动变形波使柔性齿轮产生弹性变形，从而产生齿间相对位移而达到传动的目的。

活齿传动

活齿传动的原理与谐波齿轮传动类似。不同之处是：谐波传动借助柔轮的变形实现逐齿啮合，而活齿传动则借助活齿的伸缩实现逐齿啮合。它具有传动比大、效率高、不需要等角速比机构、传动平稳、承载能力高等优点，但是其加工工艺复杂，精度要求高。

习题全解

5-1 解题过程 答案如题 5-1 解图所示。

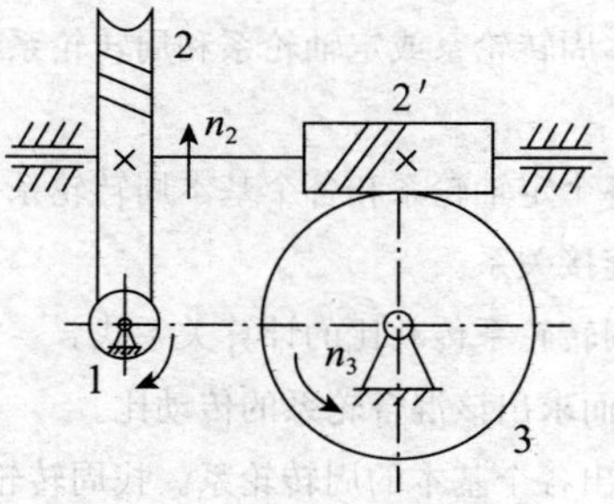

题 5-1 解图

5-2 解题过程 依题意有，传动比

$$i_{15}=\frac{z_2z_3z_4z_5}{z_1z_{2'}z_{3'}z_{4'}}=\frac{25\times30\times30\times60}{15\times15\times15\times2}=200$$

$$n_5=\frac{n_1}{i_{15}}=\frac{500}{200}=2.5\text{r/min}$$

齿条 6 的线速度和齿轮 5′分度圆上的线速度相等；而齿轮 5′的转速和齿轮 5 的转速相等，则

$$v_6=v_{5'}=\frac{n_{5'}\pi r_{5'}}{30}=\frac{n_5\pi m z_5}{30\times2}$$

$$=\frac{2.5\times 3.14\times 4\times 20}{30\times 2}=10.5\text{mm/s}$$

齿轮 5′的转向为顺时针，齿条 6 方向为水平向右。

5-3 解题过程 秒针到分针的传递路线为 6→5→4→3，齿轮 3 上带着分针，齿轮 6 上带着秒针，故有

$$i_{SM}=\frac{z_5 z_3}{z_6 z_4}=\frac{60\times 64}{8\times 8}=60$$

分针到时针的传递路线为 9→10→11→12，齿轮 9 上带着分针，齿轮 12 上带着时针，故有

$$i_{MH}=\frac{z_{10} z_{12}}{z_9 z_{11}}=\frac{24\times 24}{8\times 6}=12$$

5-4 解题过程

$$i_{13}^H=\frac{n_1^H}{n_3^H}=\frac{n_1-n_H}{n_3-n_H}=-\frac{z_3}{z_1}=-\frac{51}{17}=-3$$

由于 $n_3=0$

故 $\frac{n_1}{n_H}=1+3=4$

当手柄转过 90°时，转盘转过的角度

$$n_H=90°/4=22.5°$$

其方向与手柄方向相同。

5-5 解题过程 $i_{13}^H=\frac{n_1^H}{n_3^H}=\frac{n_1-n_H}{n_3-n_H}=-\frac{z_2 z_3}{z_1 z_{2'}}=-\frac{28\times 54}{12\times 14}=-9$

由于 $n_3=0, n_1=n_S$

故 $\frac{n_S-n_H}{0-n_H}=-9$

则 $i_{SH}=\frac{n_S}{n_H}=1+9=10$

S 与 H 的转向相同。

5-6 解题过程

$$i_{12}^H=\frac{n_1^H}{n_2^H}=\frac{n_1-n_H}{n_2-n_H}=\frac{z_2}{z_1}$$

将 $n_1=0, n_H=-1.5\text{r/min}, z_2=15$

$n_2=n_M+n_H=12-1.5=10.5\text{r/min}$

代入上式可解得

$$z_1=120$$

5-7 解题过程

$$l_{43}^1=\frac{n_4^1}{n_3^1}=\frac{n_4-n_1}{n_3-n_1}=\frac{z_3}{z_4} \quad (1)$$

由图知 $n_4=0$ (2)

又挖叉固定在齿轮上，要使其始终保持一定的方向，应有

$$n_3=0 \quad (3)$$

联立式(1)(2)(3)可得

$$z_4=z_3$$

5-8 解题过程 $n_{13}^H=\frac{n_1^H}{n_3^H}=\frac{n_1-n_H}{n_3-n_H}=-\frac{z_2z_3}{z_1z_2'}=-\frac{30\times 80}{20\times 50}=-2.4$

把 $n_3=0, n_1=50\text{r/min}$

代入可解得

$$n_H=14.7\text{r/min}$$

n_H 与 n_1 方向相同。

5-9 解题过程

$$i_{13}^H=\frac{n_1^H}{n_3^H}=\frac{n_1-n_H}{n_3-n_H}=-\frac{z_2z_3}{z_1z_2'}=-\frac{25\times 75}{30\times 20}=-3.125$$

代入 $n_1=200\text{r/mim}, n_3=-50\text{r/mim}$ 可解得

$$n_H=10.61\text{r/min}$$

n_H 与 n_1 方向相同。

5-10 解题过程 齿轮4、5、6、7和由齿轮3引出的杆件组成周转轮系，齿轮1、2、3组成定轴轮系。

在周转轮系中

$$i_{47}^H=\frac{n_4^H}{n_7^H}=\frac{n_4-n_H}{n_7-n_H}=-\frac{z_5z_7}{z_4z_6}=-\frac{24\times 63}{18\times 21}=-4 \tag{1}$$

在定轴轮系中

$$i_{13}=\frac{n_1}{n_3}=\frac{z_3}{z_1}=\frac{85}{17}=5 \tag{2}$$

又 $n_3=n_H, n_7=n_P$ (3)

联立(1)(2)(3)可解得

$$n_P=(n_1-n_4)/4$$

(1)代入 $n_1=10001\text{r/min}, n_4=10000\text{r/min}$ 可解得

$$n_P=(10001-10000)/4=0.25\text{r/min}$$

P 的转向与齿轮1和4的转向相同。

(2)当 $n_1=n_4$ 时，$n_P=0$。

(3)代入 $n_1=10000\text{r/min}, n_4=10001\text{r/min}$ 解得

$$n_P=(10000-10001)/4=-0.25\text{r/min}$$

P 的转向与齿轮1和4的转向相反。

5-11 解题过程 由 $r_1+2r_2=r_3$

可得 $z_1+2z_2=z_3$

故行星轮的齿数为

$$z_2=(z_3-z_1)/2=(53-19)/2=17$$

5-12 解题过程 应满足如下关系

$$z_1 = z_{2'} \tag{1}$$

$$z_2 = z_1 - 1 \tag{2}$$

$$z_3 = z_1 + 1 \tag{3}$$

设齿轮 1、2 的模数为 m_1，齿轮 $2'$、3 的模数为 m_2，由于齿轮 1 与齿轮 3 共轴线，则有

$$m_1(z_1 + z_2) = m_2(z_{2'} + z_3) \tag{4}$$

联立式(1)(2)(3)(4)可解得

$$\frac{m_1}{m_2} = \frac{2z_1 + 1}{2z_1 - 1} = 1 + \frac{2}{2z_1 - 1} \tag{5}$$

当 $z_1 = z_{min}$ 时，式(5)可取得最大值 1.0606；当 $z_1 \to \infty$ 时，式(5)接近 1，但不可能取到 1，因此 m_1/m_2 的取值范围是(1,1.06)。而标准直齿圆柱齿轮的模数比是大于 1.07 的，因此，不可能两对都采用直齿标准齿轮传动，至少有一对采用变位齿轮。

5-13 解题过程 这是一个混合轮系。齿轮 1、2、3、4 组成周转轮系，齿轮 4、5 组成定轴轮系。

在周转轮系中

$$l_{13}^{4} = \frac{n_1^4}{n_3^4} = \frac{n_1 - n_4}{n_3 - n_4} = -\frac{z_3}{z_1} = -1$$

$$n_4 = (n_1 + n_3)/2 \tag{1}$$

在教材图 5-12 中，当车身绕瞬时回转中心 C 转动时，左右两轮走过的弧长与它们至点 C 的距离成正比，即

$$\frac{n_1}{n_3} = \frac{r'}{r''} + \frac{r'}{r + B} = \frac{2400}{2400 + 1200} = \frac{2}{3} \tag{2}$$

联立式(1)(2)得

$$n_1 = 4n_4/5, n_3 = 6n_4/5 \tag{3}$$

在定轴轮系中

$$i_{45} = \frac{n_4}{n_5} = \frac{z_5}{z_4} = \frac{15}{60} = 0.25$$

当 $n_5 = 250$r/min 时，有

$$n_4 = 0.25n_5 = 0.25 \times 250 = 62.5\text{r/min}$$

代入式(3)，可知汽车左右轮子的速度分别为

$$n_1 = 4n_4/5 = 4 \times 62.5/5 = 50\text{r/min}$$

$$n_3 = 6n_4/5 = 6 \times 62.5/5 = 75\text{r/min}$$

5-14 解题过程 齿轮 3、4、$4'$、5 和行星架 H 组成周转轮系，齿轮 1、2 组成定轴轮系。在周转轮系中

$$i_{35}^{H} = \frac{n_3^H}{n_5^H} = \frac{n_3 - n_H}{n_5 - n_H} = \frac{z_4 z_5}{z_3 z_4} = \frac{19 \times 24}{23 \times 20} = 0.991 \tag{1}$$

在定轴轮系中

$$i_{12}=\frac{n_1}{n_2}=-\frac{z_2}{z_1}=-\frac{z_2}{17} \tag{2}$$

又 $$n_2=n_H, n_P=n_5, n_3=0 \tag{3}$$

依题意，指针 P 转一圈，即

$$n_p=1 \tag{4}$$

此时轮子走了 1000m，即

$$n_1=\frac{1000}{\pi d}=454.96 \tag{5}$$

联立式(1)(2)(3)(4)(5)可解得

$$z_2=68$$

5-15 解题过程 系统可以分解为三个轮系：由齿轮 3′、4 组成的定轴轮系；由蜗轮蜗杆 1′和 5 组成的定轴轮系；由齿轮 1、2、2′、3 和构件 H 组成的周转轮系。一般工作情况下，由于蜗杆 5 不动，所以蜗轮也不动，即

$$n_1=0 \tag{1}$$

在周转轮系中

$$i_{13}^H=\frac{n_1^H}{n_3^H}=\frac{n_1-n_H}{n_3-n_H}=\frac{z_2z_3}{z_1z_{2'}}$$

$$=\frac{48\times58}{53\times53}=0.9911 \tag{2}$$

在定轴轮系中

$$i_{3'4}=\frac{n_{3'}}{n_4}=-\frac{z_4}{z_{3'}}=-\frac{87}{44} \tag{3}$$

又 $$n_1=n_{1'}, n_3=n_{3'} \tag{4}$$

联立式(1)(2)(3)(4)可得

$$i_{H4}=220.1882$$

当慢速吊重时，$n_1=0$，此时为平面定轴轮系，有

$$i_{54}=\frac{n_5}{n_4}=\frac{z_{1'}z_2z_3z_4}{z_5z_1z_{2'}z_{3'}}$$

$$=\frac{44\times48\times58\times87}{1\times53\times53\times44}=86.2257$$

5-16 解题过程 这个轮系由以下 4 部分组成：蜗轮蜗杆 1、2 组成一个定轴轮系；蜗轮蜗杆 5、4′组成一个定轴轮系；齿轮 1′、5′组成一个定轴轮系；齿轮 4、3、3′、2′组成周转轮系。

在周转轮系中

$$i_{2'4}^{\mathrm{H}}=\frac{n_{2'}^{\mathrm{H}}}{n_4^{\mathrm{H}}}=\frac{n_{2'}-n_{\mathrm{H}}}{n_4-n_{\mathrm{H}}}=-\frac{z_4}{z_{2'}}=-1 \tag{1}$$

在蜗轮蜗杆 1、2 中

$$i_{12}=\frac{n_1}{n_2}=\frac{z_2}{z_1}=99 \tag{2}$$

在蜗轮蜗杆 5、4′中

$$i_{54'}=\frac{n_5}{n_{4'}}=\frac{z_{4'}}{z_5}=100 \tag{3}$$

在齿轮 1′、5′中

$$i_{1'5'}=\frac{n_{1'}}{n_{5'}}=-\frac{z_{5'}}{z_{1'}}=-\frac{100}{101} \tag{4}$$

又 $$n_1=n_{1'},n_5=n_{5'},n_2=n_{2'},n_4=n_{4'} \tag{5}$$

联立式(1)(2)(3)(4)(5)可解得

$$\left(\frac{1}{99}+\frac{101}{100^2}\right)n_1=2n_{\mathrm{H}}$$

则 $$i_{\mathrm{H}}=\frac{i_1}{i_{\mathrm{H}}}=1980000$$

第六章 间歇运动机构

本章知识要点

(1)棘轮的组成、特点及应用。

(2)棘轮的主要参数及其工作条件。

(3)槽轮机构的组成、特点及应用。

(4)槽轮机构的拨盘数、圆销数和运动特性系数的确定。

知识点归纳

主动件连续运动(连续运动或连续往复运动)时,从动件作周期性时动、时停运动的机构称为间歇运动机构。常用的有棘轮机构、槽轮机构、不完全齿轮机构和凸轮间歇运动机构。

6.1 棘轮机构

棘轮机构工作原理

棘轮机构主要由摇杆、棘爪、棘轮和机架等组成。

按棘轮机构的结构形式,分为外接棘轮机构和内接棘轮机构。根据棘轮机构的运动情况,分为单动式棘轮机构、双动式棘轮机构、可变向棘轮机构、摩擦式棘轮机构。

棘爪工作条件

为了使棘爪顺利地落入棘轮齿槽,偏斜角 φ(棘齿偏斜角 φ 是齿面与齿尖径线的夹角)必须满足:$\varphi \geqslant \rho$,其中 ρ 为摩擦角。通常取 $\varphi = 20°$。

棘轮机构的特点及应用

棘轮机构的优点是:结构简单、制作方便、运动可靠。缺点是:冲击噪声大,运动精度较低。摩擦式棘轮机构虽然传递运动平稳、无噪声，但易发生打滑。棘轮机构常用于转速不高、转角不大及小功率的场合。

棘轮、棘爪的几何尺寸计算

选定齿数 z 和确定模数 m 后，可按如下经验公式进行：

顶圆直径	$D=mz$
齿高	$h=0.75m$
齿顶厚	$a=m$
齿槽夹角	$\theta=60°$或 $55°$
棘爪长度	$L=2\pi m$

6.2 槽轮机构

槽轮机构工作原理

槽轮机构由主动拔盘、槽轮、机架等组成。分为外啮合槽轮机构与内啮合槽轮机构两种。

槽轮机构具有构造简单、运动平稳、效率高的优点。但同时也存在以下缺点：拨销在进入或退出径向槽时，产生冲击；主动拨盘匀速转动时，槽轮的角速度和角加速度都是变化的，且随着槽数的减少，变化幅度增加。槽轮机构在转位机构、电影放映机卷片机构等自动机械中得到广泛应用。

槽轮机构的主要参数

槽轮机构的主要参数是槽数 z 和拨盘圆销数 K。

在一个运动循环内，槽轮的运动时间 t_m 对拨盘的运动时间 t 的比值称为运动特性系数，即$\tau=t_m/t$。

对于槽轮有 z 个径向槽、拨盘上有 K 个均匀分布圆销的槽轮机构，其运动特性系数 τ 为

$$\tau=K\left(\frac{1}{2}-\frac{1}{z}\right)$$

槽轮的槽数 z

要使槽轮运动，则运动特性系数必须大于零，即 $\tau>0$，则 $z\geqslant3$。但当槽数 $z=3$ 时，槽轮的角速度变化很大，拨销进入或退出径向槽时，槽轮的角加速度也很大，会引起较大的冲击和振动；当槽数 $z>9$ 时，槽数虽继续增加，运动特性系数 τ 的改变却不大，作用不明显。故 z 一般取 4～8。

拨盘的圆销数 K

要使槽轮机构实现间歇运动，即槽轮不能作连续运动，应使 $\tau<1$，则拨盘的圆销数应符合

$$K<\frac{2z}{z-2}$$

6.3 不完全齿轮机构

不完全齿轮机构的工作原理是在主动齿轮只做出一个或几个齿，根据运动时间和停歇时间的要求在从动轮上做出与主动轮相啮合的轮齿，其余部分为锁止圆弧。当两轮齿进入啮合时，与齿轮传

动一样，无齿部分由锁止弧定位，使从动轮静止。

不完全齿轮机构的优点主要有：结构简单、制造容易、工作可靠、从动轮运动时间和静止时间的比例可在较大范围内变化。但也存在如下缺点：从动轮在开始进入啮合与脱离啮合时有较大冲击，故一般只用于低速、轻载场合。

6.4 凸轮间歇运动机构

凸轮间歇运动机构通常有两种类型：圆柱式凸轮间歇运动机构和蜗杆式凸轮间歇运动机构。

凸轮间歇运动机构的优点：可通过选择适当的运动规律来减小动载荷、避免冲击、适应高速运转的要求。定位精确且结构紧凑。但凸轮加工较复杂，安装调整要求严格。主要用于传递交错轴间的分度运动和需要间歇转位的机械装置中。

习题全解

6-1 解题过程 顶圆直径

$$D=mz=5\times12=60\text{mm}$$

齿高

$$h=0.75\text{m}=0.75\times5=3.75\text{mm}$$

齿顶厚

$$a=m=5\text{mm}$$

齿槽夹角

$$\theta=60^\circ$$

棘爪长度

$$L=2\pi m=2\times3.14\times5=31.4\text{mm}$$

棘轮的齿形如题 6-1 解图所示

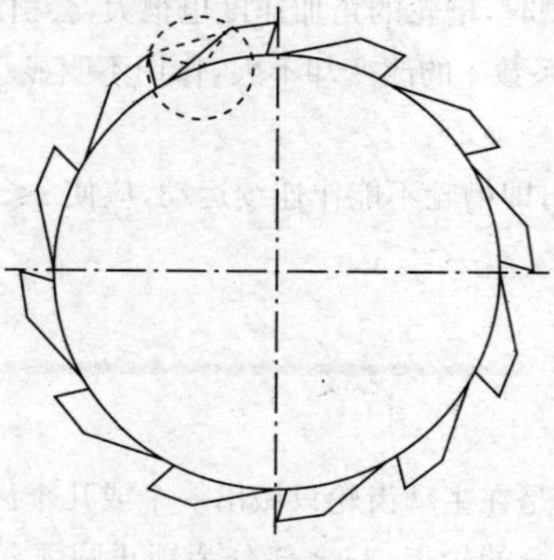

题 6-1 解图

6-2 解题过程 拨盘每转时间为

$$t=60/60=1\text{s}$$

槽轮机构的运动特性系数

$$\tau=\frac{t_m}{t}=\frac{1}{2}-\frac{1}{z}=\frac{1}{2}-\frac{1}{6}=\frac{1}{3}$$

则槽轮的运动时间为

$$t_m=\tau t=\frac{1}{3}\text{s}$$

故有槽轮的静止时间

$$t_s=t-t_m=1-\frac{1}{3}=\frac{2}{3}\text{s}$$

6-3 解题过程 槽轮机构的运动特性系数

$$\tau=\frac{t_m}{t_m+t_s}=\frac{2t_s}{3t_s}=\frac{2}{3}$$

由 $$\tau=\frac{K(z-2)}{2z}$$

得 $$K=\frac{2\tau z}{z-2}=\frac{2\times2\times6}{3\times(6-2)}=2$$

6-4 解题过程 要使 $tm=ts$，则槽轮机构的运动特性系数应为 $\tau=1/2$，因为

$$\tau=\frac{K(z-2)}{2z}$$

即 $$\frac{1}{2}=\frac{K(z-2)}{2z}$$

则有 $$K=\frac{z}{z-2}$$

则 $K=2, z=4; K=3, z=3$。

6-5 解题过程 如题 6-5 表所示。

题 6-5 表

机构类型	工作特点	结构、运动及动力性能	适用场合
棘轮机构	摇杆的往复摆动变成棘轮的单向间歇转动	结构简单、加工方便、运动可靠，但冲击、噪音大，运动精度低	适用于低速、转角不大场合，如转位、分度以及超越等
槽轮机构	拨盘的连续转动变成槽轮的间歇转动	结构简单、效率高、传动较平稳，但有柔性冲击	用于转速不高的轻工机械中
不完全齿轮机构	从动轮的运动时间和静止时间的比例可在较大范围内变化	需专用设备加工，有较大冲击	用于具有特殊要求的专用机械中
凸轮式间歇运动机构	只要适当设计出凸轮的轮廓，就能获得预期的运动规律	运转平稳、定位精度高、动荷小，但结构较复杂	可用于载荷较大的场合

第七章

机械运转速度波动的调节

本章知识要点

(1)基本概念和基本原理。

(2)飞轮转动惯量的确定。

(3)飞轮基本尺寸的计算。

(4)最大盈亏功的计算以及等效力矩的计算。

知识点归纳

7.1 机械运转速度波动调节的目的和方法

机械是在外力(驱动力和阻力)作用下运转的。驱动力所做的功是机械的输入功,阻力所做的功是机械的输出功。有许多机械在某段工作时间内,输入功和输出功不等。当输入功大于输出功时,机械运转的速度增加,反之降低,这样就形成了机械运转速度的波动。

这种波动主要会产生以下影响:

(1)使运动副中产生附加的作用力,降低机械效率和工作可靠性。

(2)引起机械振动,影响零件的强度和寿命。

(3)降低机械的精度和工艺性能,使产品质量下降。

所以必须对机械运转速度的波动进行调节,使上述不良影响限制在允许范围之内。

周期性速度波动

在一个整周期中,驱动力做的功和阻力所做的功相等,机械的速度呈现规律的、周期性的变化。

调节周期性速度波动的常用方法是在机械中加上一个转动惯量很大的回转件——飞轮。飞轮在机械中的作用实际上相当于一个能量储存器。由于其转动惯量很大，当机器出现盈功时，飞轮的转速略增，以动能的形式将多余的能量储存起来，使主轴角速度上升的幅值减小；反之，当机械出现亏功时，飞轮转速略下降，将储存的能量放出来，用以弥补能量的不足，从而使得主轴角速度下降幅值减小。飞轮能利用储蓄的动能克服短时过载，故在确定原动机额定功率时只需要考虑它的平均功率，而不必考虑高峰负荷所需的瞬时最大功率。

非周期性速度波动

输入功和输出功在很长时间内呈现无规则的变化，两者不相等，机械的速度变化是随机的、不规则的。

非周期性速度波动不能依靠飞轮进行调节，只能采用特殊的装置——调速器使输入功与输出功趋于平衡。以避免因动能增加使机械运转速度过高，超越极限转速而导致机械损坏，或者因动能减小使机械运转速度不断下降直至停车。

7.2 飞轮设计的近似方法

机械运转的平均速度和不均匀系数

在工程实际应用中，机械主轴的角速度变化通常很复杂，为了简化工程计算，通常以算术平均值代替实际平均值，即

$$\omega_m=\frac{\omega_{max}+\omega_{min}}{2}$$

其中，ω_{max}、ω_{min}分别为最大、最小角速度。

用速度不均匀系数来表示机械速度波动的程度，其定义为：角速度波动的幅度 $\omega_{max}-\omega_{min}$ 与平均角速度 ω_m 之比，即

$$\delta=\frac{\omega_{max}-\omega_{min}}{\omega_m}$$

设计时应使 δ 不超过允许值。

若已知 ω_m 和 δ 得

$$\omega_{max}=\omega_m\left(1+\frac{\delta}{2}\right)$$

$$\omega_{min}=\omega_m\left(1-\frac{\delta}{2}\right)$$

飞轮设计的基本原理

飞轮设计的基本问题是：已知作用在主轴上的驱动力矩和阻力矩的变化规律，要求在机械运转

速度不均匀系数 δ 的允许范围内，确定安装在主轴上的飞轮的转动惯量。

飞轮的转动惯量为 J，在一个周期内，动能的最大变化量 $E_{max}-E_{min}$ 是由最大盈亏功 A_{max} 转化而来的，即

$$W_{max}=E_{max}-E_{min}=\frac{1}{2}J(\omega_{max}^2-\omega_{min}^2)=J\omega_m^2\delta$$

于是得到安装在主轴上的飞轮转动惯量为

$$J=\frac{W_{max}}{\omega_m^2\delta}$$

首先，运转速度不均匀系数过小，飞轮的转动惯量就过大，则飞轮也就过大，增加成本，故不能盲目追求机械运转速度的均匀性；其次，W_{max} 及 δ 一定时，飞轮转动惯量 J 与其平均转速 ω_m 呈平方反比，故飞轮最好装在机械的高速轴上，以减小转动惯量，从而减小尺寸。最后，当飞轮转动惯量 J 与平均转速 ω_m 一定时，W_{max} 和 δ 成正比，即最大盈亏功越大，机械系统运转越不均匀。

最大盈亏功 W_{max} 的确定

对于一些比较简单的情况，机械的最大动能 E_{max} 和最小动能 E_{min} 出现的位置可直接由 $M-\varphi$ 图读出。对于较复杂的情况，则可借助于能量指示图来确定。能量指示图的作法是：任作一条水平线，任选 $M-\varphi$ 图中驱动力矩 M' 与阻力矩 M'' 曲线的一交点为起始点，然后按比例用垂直矢量线段表示相应位置 M' 与 M'' 之间所包围的各盈亏面积的大小，盈功为正，箭头朝上，亏功为负，箭头朝下。各矢量首尾相接，由于在一个循环的起始点与终点的动能相等，故能量指示图的首尾应当封闭。图中的最高点就是动能最大处，最低点就是动能最小处。最高点与最低点之间的垂直距离，即这两点之间各矢量线段矢量和的绝对值，也即这两点之间 M' 与 M'' 所包围的各块正、负面积代数和的绝对值，就是最大盈亏功。

7.3 飞轮主要尺寸的确定

轮辐式

D_m 主要是按照机器的结构和空间位置选定。然后根据 $J=m\left(\frac{D_m}{2}\right)^2=\frac{mD_m^2}{4}$ 求出质量 m，再根据 $m=V\rho=\pi D_m HB\rho$ 确定厚度 H 和宽度 B。

实心式

根据机构空间位置确定 D，再根据 $J=\frac{1}{2}m\left(\frac{D}{2}\right)^2=\frac{mD^2}{8}$ 确定质量 m，然后根据 $m=V\rho=\frac{\pi D^2}{4}B\rho$ 确定宽度 B。

习题全解

7-1 解题过程 该图功的比例尺为

$$\mu_A = \mu_M \mu_\varphi = 100 \times 0.01 = 1\text{N} \cdot \text{m/mm}^2$$

根据题目作能量指示图。将 $M' - \varphi$ 和 $M'' - \varphi$ 曲线的交点标注 o,a,b,c,d,e,f,g,o'。将各区间所围的面积分为盈功和亏功，并标注“＋”号或“－”号，然后根据各自区间盈亏功的数值大小按比例作能量指示图，如题 7-1 解图所示。

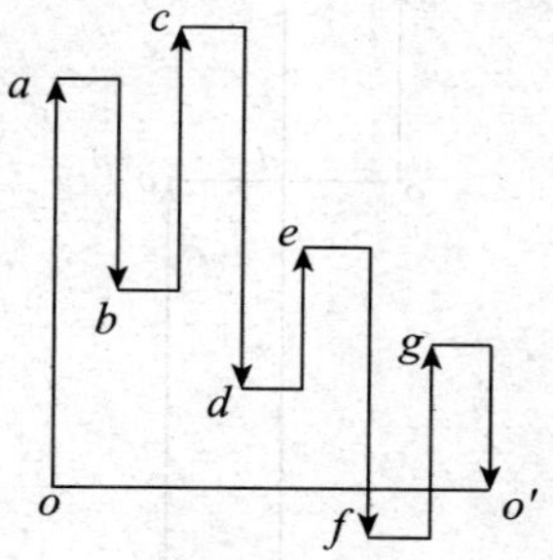

题 7-1 解图

首先自 o 向上作 $\overline{oa}$，表示 oa 区间的盈功；其次作 $\overline{ab}$ 向下表示 ab 区间的亏功；依次类推，直到画完最后一个封闭矢量 $\overline{go'}$。由图知该机械系统在 cf 区间出现最大盈亏功，其绝对值为

$$\begin{aligned} A_{\max} &= |\mu_A A cf| \\ &= |\mu_A(-A_{cd} + A_{de} - A_{ef})| \\ &= |1 \times (-520 + 190 - 390)| \\ &= 720\text{N·m} \end{aligned}$$

系统的运转不均匀系数为

$$\delta = \frac{\omega_{\max} - \omega_{\min}}{\omega_m} = \frac{1.03\omega_m - 0.97\omega_m}{\omega_m} = 0.06$$

曲轴的平均角速度为

$$\omega_m = 2n\pi/60 = 2 \times 120 \times 3.14/60 = 12.56\text{rad/s}$$

则飞轮的转动惯量为

$$J = \frac{A_{\max}}{\omega_m^2 \delta} = \frac{720}{(12.56)^2 \times 0.06} = 76\text{kg·m}^2$$

7-2 解题过程 (1)因 M' 为常数，因此 $M'-\varphi$ 为一水平直线。在一个运动循环中，驱动力矩所做的功为 $2\pi M'$，相当于一个运动循环所做的功，即

$$2\pi M' = 200\times 2\pi + 1400\times\frac{(\pi/2+\pi/4)}{2}$$

$$M' = 200+700\times\frac{1}{2}\times\frac{3}{4} = 462.5\text{N}\cdot\text{m}$$

根据题7-2 图作能量指示图。将 $M'-\varphi$ 和 $M''-\varphi$ 曲线的交点标注 o,a,b,o'。将各区间所围的面积分为盈功和亏功，并标注“+”号或“-”号，然后根据各自区间盈亏功的数值大小按比例作出能量指示图，如题 7-2 解图所示。

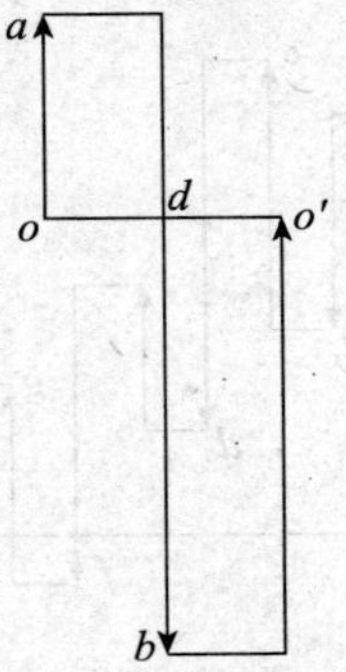

题 7-2 解图

首先自 o 向上作 $\overline{oa}$，表示 oa 区间的盈功；其次作 $\overline{ab}$ 向下表示 ab 区间的亏功；然后作 $\overline{bo'}$ 向上表示 bo' 区间的盈功，至此应形成一个封闭区间。由题 7-2 解图知，该机械系统在 ab 区间出现最大盈亏功 A_{max}。

$$A_{oa} = (462.5-200)\times\pi/2 = 412.125\text{N}\cdot\text{m}$$

将图中线1和线 2 延长交于点 d，那么在 $\triangle a'b'd$ 中，$a''b''$ 相当于该三角形的中位线，可知 $a'd = 2\times(1600-200) = 2800\text{N}\cdot\text{m}$。

又在 $\triangle a'b'd$ 中，$\frac{a'd}{ad}=\frac{a'b'}{ab}$ 因此有

$$ab = \frac{a'b'}{a'd}ad = \frac{\pi/2}{2800}\times[2800-(462.5-200)] = 1.4228$$

则有

$$A_{ab} = (\pi/4+1.4228)\times(1600-462.5)/2 = 1255.695\text{N}\cdot\text{m}$$

$$A_{bo'} = (\pi+1.5\pi-1.4228)\times(462.5-200)/2 = 843.57\text{N}\cdot\text{m}$$

根据所求数据作出能量指示图，可知最大盈亏功出现在 ab 段，则

$$A_{max}=Aab=1255.695\text{N}\cdot\text{m}。$$

则飞轮的转动惯量为

$$J=\frac{A_{max}}{\omega^2\delta}=\frac{A_{max}}{\left(\frac{2n\pi}{60}\right)^2\delta}=\frac{1255.695}{\left(\frac{2\times60\times3.14}{60}\right)^2\times0.15}=212.6\text{kg}\cdot\text{m}^2$$

7-3 解题过程 本书介绍的飞轮设计方法，没有考虑飞轮以外其他构件动能的变化，但实际上其他构件都有质量，它们的速度和动能也在不断变化，所以是近似的。

7-4 解题过程 (1)由题意知，在通过轧辊前，系统动能达到最大，而通过轧辊后，系统动能达到最小，因此有

$$\begin{aligned}A_{max}&=|(P'-P'')t''|\times0.735\\&=|(2600-4000)\times5|\times0.735=5.145\times10^3\text{N}\cdot\text{m}\end{aligned}$$

则飞轮的转动惯量为

$$J=\frac{A_{max}}{\omega^2\delta}=\frac{A_{max}}{\left(\frac{2n\pi}{60}\right)^2\delta}=\frac{5.145\times10^3}{\left(\frac{2\times80\times3.14}{60}\right)^2\times0.1}=7.33\times10^5\text{kg}\cdot\text{m}^2$$

(2)飞轮的最大转速和最小转速为

$$n_{max}=n\left(1+\frac{1}{2}\delta\right)=80\times\left(1+\frac{1}{2}\times0.1\right)=84\text{r/min}$$

$$n_{min}=n\left(1-\frac{1}{2}\delta\right)=80\times\left(1-\frac{1}{2}\times0.1\right)=76\text{r/min}$$

(3)因一个周期内输入功和输出功相等，设一个周期时间为 t，则 $P't=P''t''$，则有

$$t'=P''t''/P'=4000\times5/2600=7.6923\text{s}$$

7-5 解题过程 在一个周期中，驱动力矩所做的功为

$$P'=\int_0^{t_1+t_2}M'\omega\,\mathrm{d}t=\int_0^{t_1+t_2}\frac{1000}{\omega}\omega\,\mathrm{d}t$$

$$=1000\times1=1000\text{N}\cdot\text{m}$$

在一个周期中，阻力矩所做的功为

$$P''=M''\varphi=M''\omega_m t_1$$

$$=80\times\frac{134+116}{2}\times0.1=1000\text{N}\cdot\text{m}$$

而 t_1 时段内驱动力矩所做的功为

$$P'_1=\int_0^{t_1}M'\omega\,\mathrm{d}t=\int_0^{t_1}\frac{1000}{\omega}\omega\,\mathrm{d}t=1000\times0.1=100\text{ N}\cdot\text{m}$$

则最大盈亏功为

$$A_{max}=1000-100=900\text{N}\cdot\text{m}$$

机组的平均角速度为

$$\omega_m=\frac{\omega_{max}+\omega_{min}}{2}=\frac{134+116}{2}=125\text{rad/s}$$

机组运转不均匀系数为

$$\delta=\frac{\omega_{max}-\omega_{min}}{\omega_m}=\frac{134-116}{125}=0.144$$

因此飞轮的转动惯量为

$$J=\frac{A_{max}}{\omega_m^2\delta}=\frac{900}{125^2\times0.144}=0.4\text{kg}\cdot\text{m}^2$$

7-6 解题过程 机械有规律的、周期性的速度变化称为周期性速度波动。系统速度波动是随机的、不规则的，没有一定周期的称为非周期性速度波动。调节周期性速度波动的常用方法是在机械中加上转动惯量很大的回转件——飞轮。非周期性速度波动常用调速器调节。经过调节后只能使主轴的速度波动得以减小，而不能彻底根除。

7-7 解题过程 一个周期内驱动力矩功和阻力矩功相等，依题意，驱动力矩 M' 为常数，则有

$$\frac{\pi}{2}M'=400\times\frac{\pi/2}{2}$$

$$M'=200\text{N}\cdot\text{m}$$

根据题图作能量指示图。将 $M'-\varphi$ 和 $M''-\varphi$ 曲线的交点标注 o,a,b,o'。将各区间所围的面积分为盈功和亏功，并标注"＋"号或"－"号，然后根据各自区间盈亏功的数值大小按比例作出能量指示图，如题 7-7 解图所示。

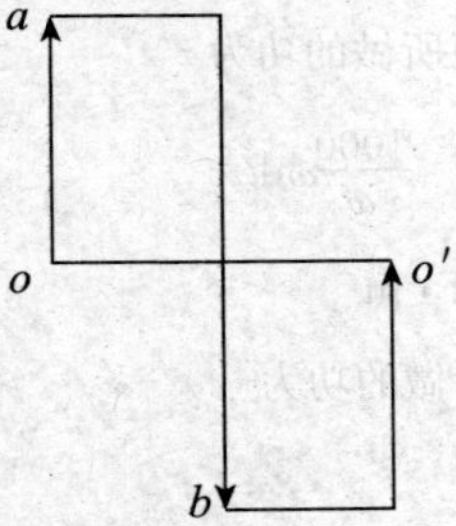

题 7-7 解图

首先自 o 向上作 $\overline{oa}$，表示 oa 区间的盈功，$A_{oa}=200\times(\pi/8)/2=39.25\text{N}\cdot\text{m}$；其次作 $\overline{ab}$ 向下表示 ab 区间的亏功，$A_{ab}=200\times(\pi/4)/2=78.50\text{N}\cdot\text{m}$；然后作 $\overline{bo'}$ 向上表示 bo' 区间的盈功，至此应形成一个封闭区间，$A_{bo'}=200\times(\pi/8)/2=39.25\text{N}\cdot\text{m}$。由图知，该机械系统在 ab 区间出现最大盈亏功

$$A_{max}=78.50\text{N}\cdot\text{m}$$

则飞轮的转动惯量为

$$J=\frac{A_{max}}{\omega^2\delta}=\frac{78.50}{(25)^2\times 0.04}=3.14\text{kg}\cdot\text{m}^2$$

由
$$J=\frac{mD_m^2}{4}$$

得飞轮的质量为

$$m=\frac{4J}{D_m^2}=\frac{4\times 3.14}{0.5^2}=50.24\text{kg}$$

第八章 回转件的平衡

本章知识要点

(1)动、静平衡的基本概念和原理。

(2)动、静平衡的计算。

知识点归纳

8.1 回转件平衡的目的

绕固定轴线作回转运动的构件是回转件。如果回转件的结构不对称、制造不准确或材质不均匀，整个回转件在转动时便会产生离心力系的不平衡，使离心力系的合力（主向量）和合力偶矩（主矩）不等于零。它们的方向随着回转件的转动而发生周期性的变化，不仅在轴承中引起一种附加的动压力，而且使整个机械产生振动。这种振动使工作精度和可靠性降低、零件材料疲劳损坏，甚至使周围的设备和厂房建筑也会受到影响和破坏。因此，要研究惯性力分布及其变化规律，并采取相应的措施对惯性力进行平衡，从而减小或消除所产生的附加动压力、减轻振动、改善机械的工作性能和提高使用寿命。这就是回转件平衡的目的。

8.2 回转件的平衡计算

质量分布在同一回转面内

对于轴向尺寸很小的回转件，可近似地认为其质量分布在同一回转面内。对于这种转子的平衡，可通过重新调整转子上的质量分布，使其质心与回转轴线重合来达到目的，此时回转件质量对回转轴线的静力矩为零，该回转件可以在任何位置保持静止，而不会自行转动，因此这种平衡称为静平衡。

静平衡条件：分布于回转件上各个质量的离心力（或质径积）的向量和等于零，即回转件质心与回转轴线重合。即

$$F=F_b+\sum F_i=0$$

$$m_e=m_b r_b+\sum m_i r_i=0$$

其中，m_i 和 r_i 分别为原有各质量及其质心的向径；m_b 和 r_b 分别为平衡质量及其质心的向径；$m_i r_i$ 为质径积，是矢量。

静平衡的计算步骤如下：

(1)按结构形状及尺寸定出各不平衡质量的大小和方位。

(2)根据静平衡条件列出各质量（包含平衡质量和不平衡质量）质径积平衡方程式。

(3)用图解法（见图 8-1）或解析法（列解析方程式）求出应加平衡质量的质径积大小和方向，然后 m_b 和 r_b 任定一个便可求另一个。

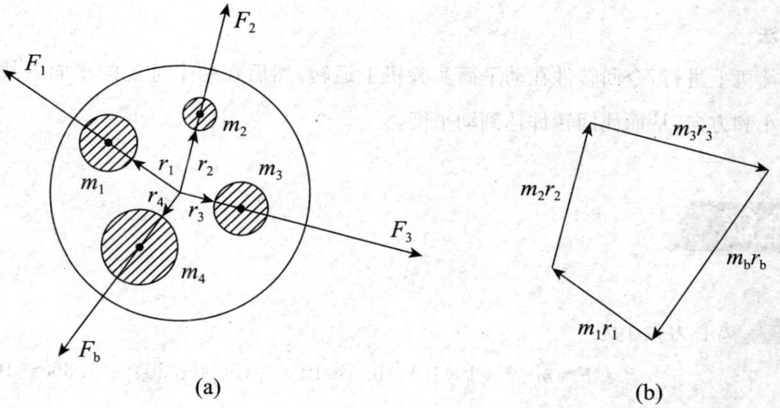

图 8-1

质量分布不在同一回转面

轴向尺寸较大的回转件，其质量的分布不能近似地认为是位于同一回转面内，而应看作分布在垂直于轴线的许多互相平行的回转面内。

质量分布不在同一回转面内的回转件，只要分别在任选的两个回转面内各加上适当的平衡质量就能达到完全平衡，这种类型的平衡称为动平衡（又叫双面平衡）。

动平衡条件：回转件上各个质量的离心力的向量和等于零，而且离心力所引起的力偶矩的向量和也等于零。即

$$\sum F=0,\ \sum M=0$$

动平衡计算方法如下：

因为一个力可分解为与它平行的两个分力。故根据该转子的结构，选定两个平衡基面Ⅰ及Ⅱ为安装配重的平面，并将各离心惯性力分别分解到平面Ⅰ及Ⅱ上。实际中常将各偏心质量分解到两个基面上，各偏心质量的向径在基面上的大小和方向都不变，然后根据静平衡原理，使每个基面达到静平衡即可。

动平衡包含了静平衡的条件，故动平衡转子一定是静平衡的，但静平衡转子不一定是动平衡的。

8.3 回转件的平衡试验

静平衡试验法

利用静平衡架，找出不平衡质径积的大小和方向，并由此确定平衡质量的大小和位置，使质心移到回转轴线上以达到平衡。

动平衡试验法

在动平衡机上进行，令回转件在动平衡实验机上运转，然后在两个选定的平面内找出所需平衡质径积的大小和方向，从而使回转件达到动平衡。

习题全解

8-1 解题过程 离心力大小为

$$F=mr\omega^2=1\times10^3\times0.5\times10^{-3}\times(5000\pi/30)^2=1.368\times10^5\text{ N}$$

该转子本身的重量为

$$G=mg^2=1\times10^3\times9.8=9.8\times10^3\text{ N}$$

则

$$F/G=1.368\times10^5/(9.8\times10^3\text{ N})=14$$

即该转子的离心力是其本身重量的 14 倍。

8-2 解题过程 方法如下：

(1)将转子放在静平衡架上，等其静止，这时不平衡转子的质心必接近于过轴心的垂线

下方。

(2)将转子顺时针转过一个小角度，然后放开，转子缓慢回摆。静止后，在转子上画过轴心的铅垂线1。

(3)将转子逆时针转过一个小角度，然后放开，转子缓慢回摆。静止后，在转子上画过轴心的铅垂线2。

(4)作线1和线2所夹角的角平分线，重心就在这条直线上。

8-3 解题过程 (1)两种振动产生的原因分析：主轴的周期性速度波动是因为受到了周期性的外力，使输入功和输出功之差形成周期性动能的增减，从而使主轴呈现周期性速度波动，这种波动在运动副中产生变化的附加作用力，使得机座产生振动。

回转体不平衡产生的振动是由于回转体上的偏心质量，在回转时由于方向不断变化的离心力所产生的。

(2)从理论上说，这两种振动都可以消除。对于周期性速度波动，只要使输入功和输出功一直相等，就能保证机械运转的不均匀系数为零，彻底消除速度波动，从而彻底消除这种机座振动。

对于回转体不平衡使机座产生的振动，只要满足静平衡原理或动平衡原理，也是可以消除的。

(3)但从实践上说，周期性速度波动使机座产生的振动是不能彻底消除的。因为实际中不可能使输入功和输出功一直相等，同时，用飞轮也只能减小速度波动，而不能彻底消除速度波动。因此这种振动只能减小而不能彻底消除。

对于回转体不平衡产生的振动，在实践上是可以消除的。对于轴向尺寸很小的转子，用静平衡原理在静平衡机上实验，增加或减少平衡质量，最后保证所有偏心质量的离心力矢量和为零就可以了。对于轴向尺寸较大的转子，用动平衡原理在动平衡机上实验，用双面平衡法，保证两个平衡基面上所有偏心质量的离心力矢量和为零即可。

8-4 解题过程 如题8-4解图所示。由静平衡条件得

$$m_b r_b + m_c r_c + m_D r_D = 0$$

由题8-4解图量得

$$m_C r_C = 1.299\text{kg}\cdot\text{m}$$

$$m_D r_D = 0.75\text{kg}\cdot\text{m}$$

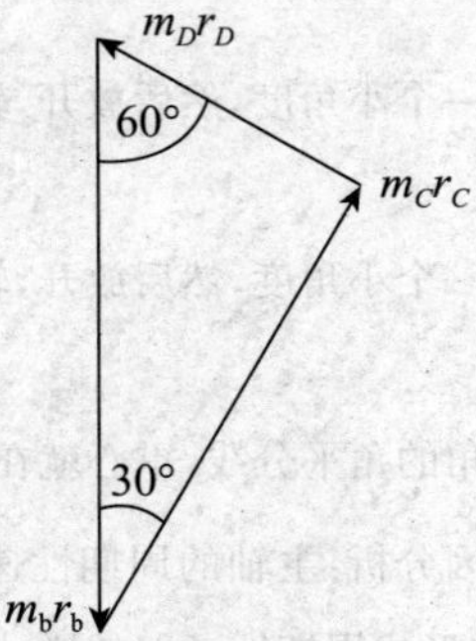

题8-4 解图

8-5 解题过程 各不平衡质径积的大小如下：

$m_1r_1=10\times0.05=0.5\text{kg·m}$

$m_2r_2=14\times0.1=1.4\text{kg·m}$

$m_3r_3=16\times0.075=1.2\text{kg·m}$

$m_4r_4=10\times0.05=0.5\text{kg·m}$

方向沿着各自的向径指向外面。用作图法求解，如题 8-5 解图所示。由静平衡条件得

$$m_br_b+m_1r_1+m_2r_2+m_3r_3+m_4+r_4=0$$

由题 8-5 解图量得

$$m_br_b=1.1402\text{kg·m}$$

其方向与水平夹角为127.87°。

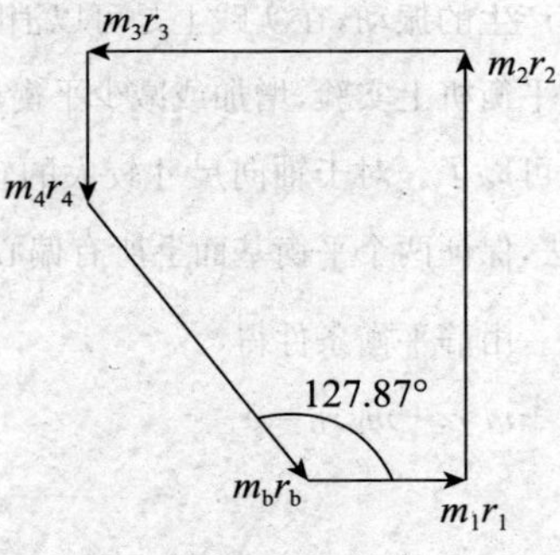

题 8-5 解图

8-6 解题过程 (1)各不平衡质径积的大小如下：

$m_1r_1=2\times0.2=0.4\text{kg·m}$

$m_2r_2=4\times0.2=0.8\text{kg·m}$

方向沿着各自的向径指向外面。用作图法求解，如题 8-6 解图(a)所示。由静平衡条件得

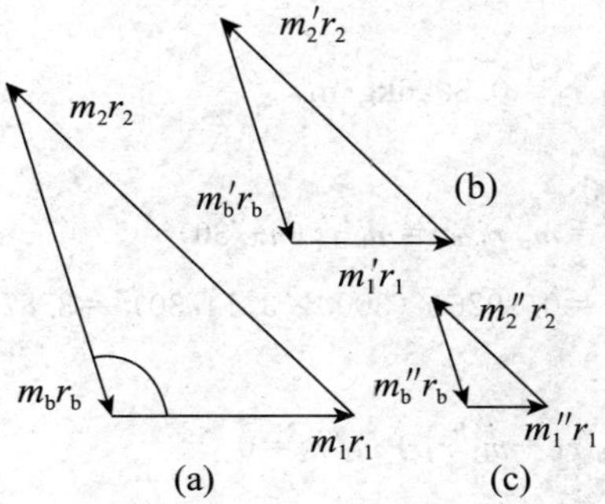

题 8-6 解图

$$m_b r_b + m_1 r_1 + m_2 r_2 = 0$$

由图量得

$$m_b r_b = 0.5895\text{kg·m}$$

则质心偏移的距离为

$$r_b = 0.5895/10 = 0.05895\text{m}$$
$$= 59.95\text{mm}$$

偏移的方向就是平衡质径积的方向，水平夹角为 106°。

(2)把不平衡质量在两支承所在平面上分解得

左支承

$$m_1' = 2\times 80/120 = 4/3\text{kg}, m_2' = 4\times 80/120 = 8/3\text{kg}$$

右支承

$$m_1'' = 2\times 40/120 = 2/3\text{kg}, m_2'' = 4\times 40/120 = 4/3\text{kg}$$

则在两支承所在平面上的质径积的大小分别为

左支承

$$m_1' r_1 = 4/3\times 0.2 = 0.267\text{kg·m}, m_2' r_2 = 8/3\times 0.2 = 0.533\text{kg·m}$$

右支承

$$m_1'' r_1 = 2/3\times 0.2 = 0.133\text{kg·m}, m_2'' r_2 = 4/3\times 0.2 = 0.267\text{kg·m}$$

方向沿着各自的向径指向外面。用作图法求解，如题 8-6 解图(b)和(c)所示。由动平衡条件得

左支承

$$m_b{}'r_b + m_1{}'r_1 + m_2{}'r_2 = 0$$

量得

$$m_b{}'r_b = 0.3926\text{kg}\cdot\text{m}$$

则支反力大小为

$$R' = m_b{}'r_b\omega^2 = m_b{}'r_b(n\pi/30)^2$$
$$= 0.3926 \times (3000 \times 3.14/30)^2 = 3.87 \times 10^4\text{N}$$

右支承

$$m_b{}''r_b + m_1{}''r_1 + m_2{}''r_2 = 0$$

量得

$$m_b{}'r_b = 0.1969\text{kg}\cdot\text{m}$$

则支反力大小为

$$R' = m_b{}'r_b\omega^2 = m_b{}'r_b(m\pi/30)^2$$
$$= 0.1969 \times (3000 \times 3.14/30)^2 = 1.94 \times 10^4\text{N}$$

8-7 **解题过程** 把不平衡质量在两平衡基面Ⅰ和Ⅱ上分解有：

基面Ⅰ　$m' = 10 \times 40/(40-20) = 20\text{kg}$

基面Ⅱ　$m'' = 10 \times (-20/(40-20)) = -10\text{kg}$

则在两个基面上的质径积分别为

基面Ⅰ　$m'r = 20 \times 0.005 = 0.1\text{kg}\cdot\text{m}$，方向垂直向下

基面Ⅱ　$m''r = -10 \times 0.005 = -0.05\text{kg}\cdot\text{m}$，方向垂直向上

用作图法求解，如题 8-7 解图(a)和(b)所示。由动平衡条件得

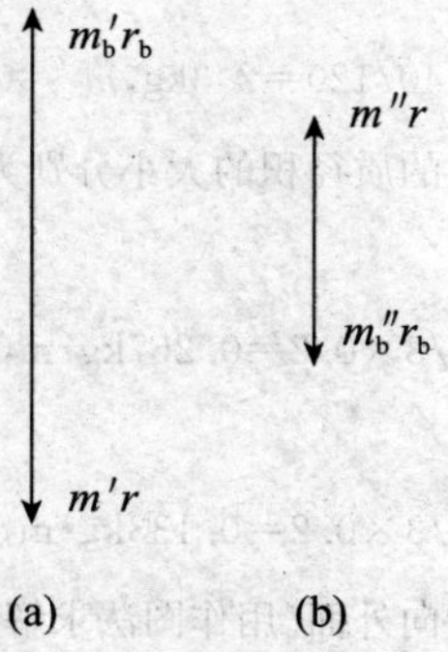

题 8-7 解图

基面Ⅰ $m_b' r_b + m'' r = 0$

平衡质径积 $m_b'' r_b = 0.05\text{kg}\cdot\text{m}$，方向垂直向下。

8-8 解题过程 (1)把不平衡质量在两平衡基面 A 和 B 上分解有

基面 A

$$m_C^A = 0.4 \times 190/230 = 0.3304\text{kg}$$

$$m_D^A = 0.4 \times 115/230 = 0.2\text{kg}$$

$$m_E^A = 0.4 \times 40/230 = 0.069\text{kg}$$

基面 B

$$m_C^B = 0.4 \times 40/230 = 0.0696\text{kg}$$

$$m_D^B = 0.4 \times 115/230 = 0.2\text{kg}$$

$$m_E^B = 0.4 \times 190/230 = 0.3304\text{kg}$$

则在两个基面上的质径积分别为

基面 A

$$m_C^A r_C = 0.3304 \times 0.0127 = 4.196 \times 10^{-3}\text{kg}\cdot\text{m}$$

$$m_D^A r_D = 0.2 \times 0.0127 = 2.54 \times 10^{-3}\text{kg}\cdot\text{m}$$

$$m_E^A r_E = 0.0696 \times 0.0127 = 8.8392 \times 10^{-4}\text{kg}\cdot\text{m}$$

基面 B

$$m_C^B r_C = 0.0696 \times 0.0127 = 8.8392 \times 10^{-4}\text{kg}\cdot\text{m}$$

$$m_D^B r_D = 0.2 \times 0.0127 = 2.54 \times 10^{-3}\text{kg}\cdot\text{m}$$

$$m_C^B r_E = 0.3304 \times 0.0127 = 4.196 \times 10^{-3}\text{kg}\cdot\text{m}$$

用作图法求解，如题 8-8 解图(a)(b)所示。由动平衡条件得

$$m_b^A r_b + m_C^A r_C + m_D^A r_D + m_E^A r_E = 0$$

$$m_b^B r_b + m_C^B r_C + m_D^B r_D + m_E^B r_E = 0$$

由图上量取

$m_b^A r_b = 2.8683 \times 10^{-3}\text{kg}\cdot\text{m}$，$m_b^B r_b = 2.8683 \times 10^{-3}\text{kg}\cdot\text{m}$，方向如题 8-8 解图(a)和(b)所示。

(2)设坐标轴方向如题 8-8 解图(c)所示，用解析法验证。

基面 A：

x 向为

$$m_b^A r_b \cos 60° - m_D^A r_D \cos 30° + m_E^A r_E \cos 30°$$
$$= 2.8683 \times 10^{-3} \cos 60° - 2.54 \times 10^{-3} \cos 30° + 8.8292 \times 10^{-4} \cos 30°$$
$$= 0$$

y 向为

$$m_b^A r_b \sin 60° - m_C^A rc + m_D^A r_D \sin 30° + m_E^A r_E \sin 30°$$
$$= 2.8683 \times 10^{-3} \sin 60° - 4.196 \times 10^{-3} + 2.54 \times 10^{-3} \sin 30° + 8.8392 \times 10^{-4} \sin 30°$$
$$= 0$$

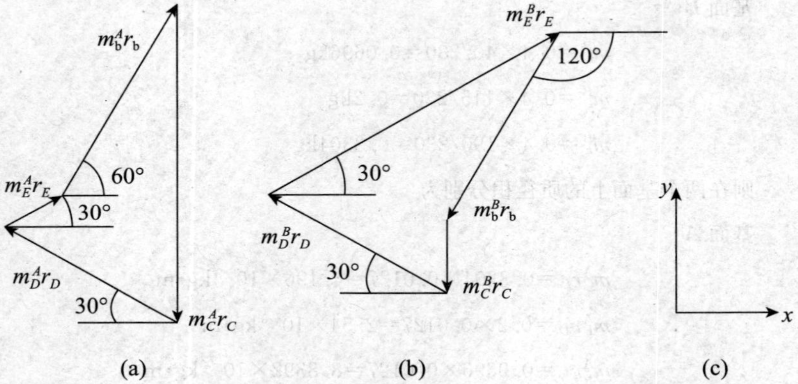

题 8-8 解图

基面 B：

x 向为

$$m_b^B r_b \cos 120° - m_D^B r_D \cos 30° + m_E^B \cos 30°$$
$$= 2.8683 \times 10^{-3} \cos 120° - 2.54 \times 10^{-3} \cos 30° + 4.196 \times 10^{-3} \cos 30°$$
$$= 0$$

y 向为

$$-m_b^B r_b \sin 120° - m_C^B r_C + m_D^B \sin 30° + m_E^B r_E \sin 30°$$
$$= -2.8683 \times 10^{-3} \sin 120° - 8.832 \times 10^{-4} + 2.54 \times 10^{-3} \sin 30° + 4.196 \times 10^{-3} \sin 30°$$
$$= 0$$

因两个平面在 x 向和 y 向合力均为零，故所得结果正确。

由于回转半径为 10mm，因此所加的平衡质量为

$$m_b^A = m_b^B = \frac{2.8683 \times 10^{-3}}{10 \times 10^{-3}} = 0.287\text{kg}$$

8-9 解题过程 把不平衡质量在两平衡基面 Ⅰ 和 Ⅱ 上分解有

基面Ⅰ

$$m_1{}'=10\times3/3=10\text{kg}$$

$$m_2{}'=15\times2/3=10\text{kg}$$

$$m_B{}'=20\times1/3=\frac{20}{3}\text{kg}$$

$$m_4{}'=10\times0/3=0\text{kg}$$

基面Ⅱ

$$m_1{}''=10\times0/3=0\text{kg}$$

$$m_2{}''=15\times1/3=5\text{kg}$$

$$m_3{}''=20\times2/3=\frac{40}{3}\text{kg}$$

$$m_4{}''=10\times3/3=10\text{kg}$$

则在两个基面上的质径积的大小分别为

基面Ⅰ

$$m_1{}'r_{=}10\times0.5=5\text{kg}\cdot\text{m}$$

$$m_2{}'r_2=10\times0.4=4\text{kg}\cdot\text{m}$$

$$m_3{}'r_3=\frac{20}{3}\times0.6=4\text{kg}\cdot\text{m}$$

$$m_4{}'r_4=0\text{kg}\cdot\text{m}$$

基面Ⅱ

$$m_1{}''r_1=0\text{kg}\cdot\text{m}$$

$$m_2{}''r_2=5\times0.4=2\text{kg}\cdot\text{m}$$

$$m_B{}''r_3=\frac{40}{3}\times0.6=8\text{kg}\cdot\text{m}$$

$$m_4{}''r_4=10\times0.5=5\text{kg}\cdot\text{m}$$

方向沿着各自的向径指向外面。用作图法求解，如题 8-9 解图(a)和(b)所示。由动平衡条件得

基面Ⅰ

$$m_b{}'r_b+m_1{}'r_1+m_2{}'r_2+m_3{}'r_3+m_4{}'r_4=0$$

量得

$$m_b{}'r_b=4.123\text{kg}\cdot\text{m},m_b{}'=4.123/1=4.123\text{kg}$$

方向如图所示。

基面Ⅱ

$$m_b''r_b + m_1''r_1 + m_2''r_2 + m_3''r_3 + m_4''r_4 = 0$$

量得

$$m_b''r_b = 8.544\text{kg}\cdot\text{m}, m_b' = 8.511/1 = 8.544\text{kg}$$

方向如图所示。

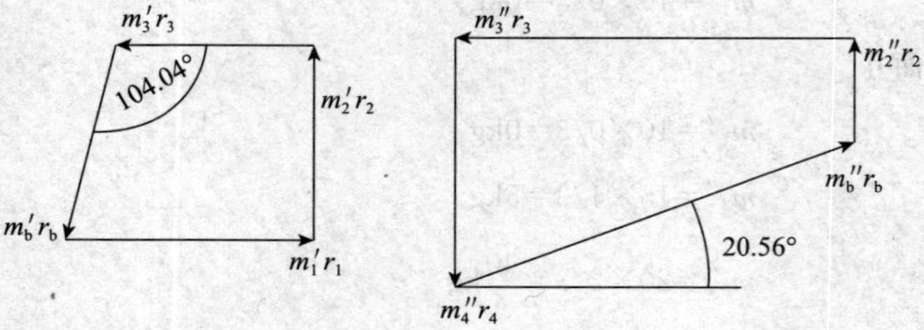

题 8-9 解图

8-10 解题过程 把不平衡质量在两平衡基面Ⅰ和Ⅱ上分解有

基面Ⅰ

$$m_A' = 0.5 \times 400/500 = 0.4\text{kg}$$

$$m_B' = 1 \times 100/500 = 0.2\text{kg}$$

基面Ⅱ

$$m_A'' = 0.5 \times 100/500 = 0.1\text{kg}$$

$$m_B'' = 1 \times 400/500 = 0.8\text{kg}$$

则在两个基面上的质径积的大小分别为

基面Ⅰ

$$m_A'r_A = 0.4 \times 0.01 = 0.004\text{kg}\cdot\text{m}$$

$$m_B'r_B = 0.2 \times 0.01 = 0.002\text{kg}\cdot\text{m}$$

基面Ⅱ

$$m_A''r_A = 0.1 \times 0.01 = 0.001\text{kg}\cdot\text{m}$$

$$m_B''r_B = 0.8 \times 0.01 = 0.008\text{kg}\cdot\text{m}$$

方向沿着各自的向径指向外面。用作图法求解，如题 8-10 解图(a)和(b)所示。由动平衡条件得

基面Ⅰ

$$m_b'r_b + m_A'r_A + m_B'r_B = 0$$

量得

$$m_{\mathrm{b}}{}'r_{\mathrm{b}}=0.00346\mathrm{kg\cdot m}$$

则支反力方向如题8-10解图(a)所示，大小为

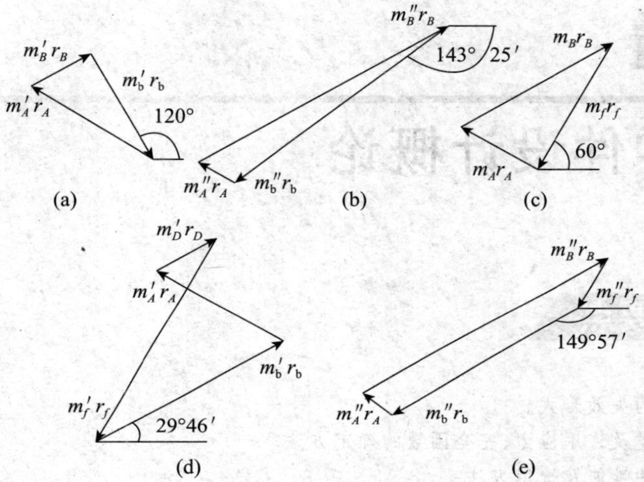

题 8-10 解图

$$R'=m'_{\mathrm{b}}r_{\mathrm{b}}\omega^2=m_{\mathrm{b}}{}'r_{\mathrm{b}}(m/\pi30)^2=0.00346\times(3000\times3.14/30)^2=341.142\mathrm{N}$$

基面Ⅱ

$$m_{\mathrm{b}}{}''r_{\mathrm{b}}+m''_{A}r_A+m''_{B}r_B=0$$

量得

$$m_{\mathrm{b}}{}''r_{\mathrm{b}}=0.00755\mathrm{kg\cdot m}$$

则支反力方向如题8-10解图(b)所示，大小为

$$R'=m_{\mathrm{b}}{}'r_{\mathrm{b}}\omega^2=m_{\mathrm{b}}{}'r_{\mathrm{b}}(n\pi/30)^2=0.00755\times(3000\times3.14/30)^2=744.400\mathrm{N}$$

第九章

机械零件设计概论

本章知识要点

(1)机械零件的失效形式。

(2)应力的种类及许用应力、安全因数的确定方法。

(3)常用材料的性能及选用方法。

(4)表面粗糙度、尺寸公差、优先系数等基本知识。

知识点归纳

9.1 机械零件设计概述

机械设计应满足的要求是:在满足预期功能的前提下,性能好、效率高、成本低,在预定使用期限内安全可靠,操作方便、维修简单和造型美观。概括地说就是:既工作可靠又成本低廉。

机械零件由于某种原因不能正常工作时,称为失效。零件的失效形式主要有以下几种:

(1)因强度不够发生断裂或塑性变形。

(2)因刚度不够而产生过大的弹性变形。

(3)因耐磨性不足或润滑不良而使工作表面过度磨损或损伤。

(4)因长细比(也称柔度)过大,稳定性不足而发生失稳。

(5)因失去振动稳定性而发生强烈的振动(或共振)、连接的松弛、摩擦传动的打滑等。

同一零件在不同的条件下会发生不同的失效形式。这就要求它们具有足够的强度和刚度、良好的耐磨性、耐热性和振动稳定性。对于不同的失效形式,相应地有各种工作能力判定条件,但概括起来均可表示为:计算量≤许用量。这种为防止失效而制定的判定条件,称为工作能力计算准则。

机械零件的设计步骤如下：

(1)拟定零件的计算简图。

(2)确定作用在零件上的载荷。

(3)选择合适的材料。

(4)根据零件可能出现的失效形式，选用相应的判定条件，确定零件的形状和主要尺寸。

(5)绘制工作图并标注必要的技术条件。

应当注意，零件尺寸的计算值一般并不是最终采用的数值，设计者还要根据制造零件的工艺要求和标准、规格加以圆整。

9.2 机械零件的强度

进行强度计算所依据的作用于零件上的外力 F、弯矩 M、扭矩 T 以及冲击能量等，统称为载荷。在理想的平稳工作条件下，作用在零件上的载荷称为名义载荷。考虑机器运转时动力参数的不稳定、工作阻力变化等原因，使零件受到各种附加载荷而引入的影响系数 K 称为载荷系数。载荷系数与名义载荷的乘积称为计算载荷。

应力的种类

名义应力：根据名义载荷求得的应力。

计算应力：根据计算载荷求得的应力。

按时间和应力之间的关系又可分为静应力和变应力。不随时间变化的应力称为静应力；随时间变化的应力称为变应力；具有周期性的变应力称为循环变应力，没有周期性变化的应力称为非周期性应力。

表征变应力的特征参数有：最大应力 σ_{max}、最小应力 σ_{min}、平均应力 $\sigma_m=(\sigma_{max}+\sigma_{min})/2$、应力幅 $\sigma a=(\sigma_{max}-\sigma_{min})/2$ 和应力循环特性 $r=\sigma_{min}/\sigma_{max}$。对称循环变应力的循环特性 $r=-1$，特点是 $\sigma_{max}=-\sigma_{min}$。脉动循环变应力的循环特性 $r=0$，特点是 $\sigma_{min}=0$。静应力可看作是特殊的变应力，$r=1$，特点是 $\sigma_{max}=\sigma_{min}=\sigma_m$。

强度是指机械零件在整体或表面上的应力不得超过允许的限度。前者称为整体强度，后者称为表面接触强度。

机械零件整体强度条件为零件危险截面的计算应力 σ 不大于零件材料的许用应力$[\sigma]$，即

$$\sigma\leqslant[\sigma]$$

静应力下的许用应力

对于塑性材料制成的零件，主要损坏形式为塑性变形，按不发生塑性变形为条件进行强度计算，其极限应力为零件材料的屈服极限，许用应力为

$$[\sigma]=\frac{\sigma_{lim}}{S}=\frac{\sigma_S}{S}$$

式中，S 为安全因数。零件发生塑变后会影响零件的正常工作，但不会引起重大事故，所以安全因数取值可小些，一般取 $S=1.2\sim1.5$；对于塑性较差或铸钢按相关安全因数表选取。

对于脆性材料制成的零件，主要损坏形式为断裂，按不发生断裂条件进行强度计算，极限应力为零件材料的强度极限，许用应力为

$$[\sigma]=\frac{\sigma_{\lim}}{S}=\frac{\sigma_B}{S}$$

零件的断裂可能引起重大的损失甚至人身事故，故安全因数 S 取值较大，一般取 $S=3\sim4$，或按相关的安全因数表选取。

变应力下的许用应力

零件的主要损坏形式都是疲劳断裂，疲劳断裂具有以下特征：

(1)疲劳断裂的最大应力远比静应力下材料的强度极限低。

(2)不管是脆性材料或塑性材料，其疲劳断口均表现为无明显塑性变形的脆性突然断裂。

(3)疲劳断裂是微观损伤积累到一定程度的结果。

表示应力 σ 与应力循环次数 N 之间的关系曲线称为疲劳曲线，如图 9-1 所示。从图中可以看出，应力越小，试件能经受的循环次数就越多。

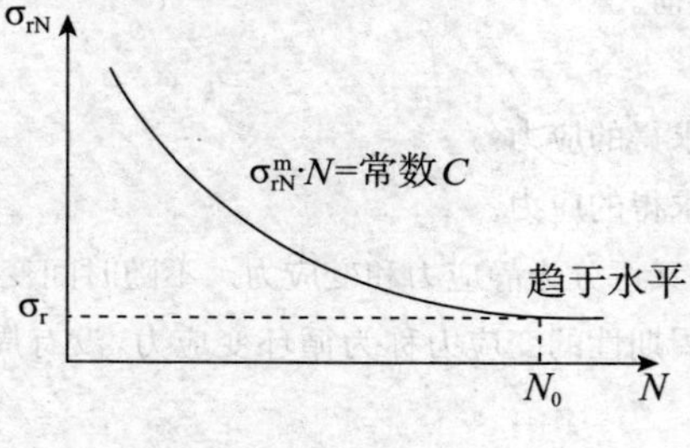

图 9-1

对任一给定的应力循环特征 r，当应力循环 N_0 次后，材料不发生疲劳破坏的最大应力称为疲劳极限 σ_{rN}。N_0 称为循环基数。对于特定的材料，其具有标准值。

通常用 σ_{-1} 表示材料在对称循环变应力下的弯曲疲劳极限。对称循环变应力作用下，任意循环次数 N 时的疲劳极限为

$$\sigma_{-1}N=\sigma_{-1}\sqrt[m]{\frac{N_0}{N}}=K_N\sigma_{-1}$$

K_N 为寿命系数，当 $N\geqslant N_0$ 时，取 $K_N=1$。

影响机械零件疲劳强度的主要因素有：集中应力的影响、绝对尺寸的影响和表面状态的影响。

引入有效应力集中系数 $k\sigma$、尺寸系数 ε_σ、表面状态系数 β，以分别考虑截面突变、绝对尺寸和表面状态等对极限应力的影响。

对称循环变应力($r=-1$)的疲劳极限用 σ_{-1} 表示；脉动循环变应力($r=0$)的疲劳极限用 σ_0 表示。无限寿命下零件的许用应力分别为

$$[\sigma_{-1}]=\frac{\varepsilon_\sigma\beta\sigma_{-1}}{k_\sigma S}$$

$$[\sigma_0]=\frac{\varepsilon_\sigma\beta\sigma_0}{k_\sigma S}$$

循环 N 次的有限寿命下，疲劳极限应力用 σ_{-1N}，σ_{0N} 表示，其许用应力分别为

$$[\sigma_{-1N}]=\frac{\varepsilon_\sigma\beta\sigma_{-1N}}{k_\sigma S}$$

$$[\sigma_{0N}]=\frac{\varepsilon_\sigma\beta\sigma_{0N}}{k_\sigma S}$$

安全因数 S 可取 $S=1.3\sim2.5$，或按相关安全因数表选取。

9.3　机械零件的接触强度

若两零件在受载前是点接触或线接触，受载后由于变形，其接触处为一小面积，产生较大的局部应力，这种应力称为接触应力。这时零件强度称为接触强度。机械零件的接触应力通常是随时间作周期性变化的接触变应力，在载荷重复作用下，金属表层内产生初始疲劳裂纹、裂纹扩展至最终金属脱落的破坏现象。

最大接触应力 σ_H 按弹性力学的赫兹公式计算，即

$$\sigma_H=\sqrt{\frac{\frac{F_n}{b}\left(\frac{1}{\rho_1}\pm\frac{1}{\rho_2}\right)}{\pi\left[\frac{1-\mu_1^2}{E_1}+\frac{1-\mu_2^2}{E_2}\right]}}$$

对于钢或铸铁，取 $\mu_1=\mu_2=\mu=0.3$，则上式简化为

$$\sigma_H=\sqrt{\frac{1}{2\pi(1-\mu^2)}\frac{F_nE}{b\rho}}=0.418\sqrt{\frac{F_nE}{b\rho}}$$

接触强度条件为

$$\sigma_H\leqslant[\sigma_H],\quad [\sigma_H]=\frac{\sigma_{H\lim}}{S_H}$$

接触应力具有上下对等、左右对称及稍离接触区中线即迅速降低等特点。由于接触应力是局部性的应力，且应力的增长与载荷 F_n 不成直线关系，而要缓慢得多，故安全系数 S_H 可取为等于或稍大于 1。

9.4　机械零件的耐磨性

运动副中，摩擦表面物质不断损失的现象称为磨损。磨损会逐渐改变零件尺寸和摩擦表面状态，影响机器的效率，降低工作的可靠性，促使机器提前报废。零件抗磨损的能力称为耐磨性。

磨损的主要类型有：

(1)磨粒磨损。硬质颗粒或摩擦表面上硬的凸峰,在摩擦过程中引起的材料脱落现象称为磨粒磨损。硬质颗粒可能是零件本身磨损造成的金属微粒,也可能是外来的尘土杂质等。摩擦面间的硬粒能使表面材料脱落而留下沟纹。

(2)黏着磨损(胶合)。加工后的零件表面总有一定的粗糙度。摩擦表面受载时,实际上只有部分峰顶接触,接触处压强很高,能使材料产生塑性流动。若接触处发生粘着,滑动时会使接触表面材料由一个表面转移到另一个表面,这种现象称为粘着磨损(胶合磨损)。所谓材料转移,是指接触表面擦伤和撕脱,严重时摩擦表面能相互咬死。

(3)疲劳磨损(点蚀)。在滚动或兼有滑动和滚动的高副中,如凸轮、齿轮等,受载时材料表层有很大的接触应力。当载荷重复作用时,常会出现表层金属呈小片状剥落,而在零件表面形成小坑,这种现象称为疲劳磨损或疲劳点蚀。

(4)腐蚀磨损。在摩擦过程中,与周围介质发生化学反应或电化学反应的磨损。

耐磨性条件:限制摩擦表面的压强;相对速度较高时,还应限制单位时间内单位接触面积的发热量,用 p_v 值间接表示。

$$p \leqslant [p]$$

$$p_v \leqslant [p_v]$$

9.5 机械制造常用材料及其选择

机械制造中最常用的材料是钢和铸铁,其次是有色金属合金。如塑料、橡胶等非金属材料在机械制造中也具有独特的使用价值。

金属材料

$$\text{常用金属材料}\left\{\begin{array}{l}\text{铸铁——含碳量}>2\%\\ \text{钢——含碳量}\leqslant 2\%\\ \text{铜合金}\end{array}\right.$$

(铸铁、钢:铁碳合金)

(1)铸铁,有灰铸铁、球墨铸铁、可锻铸铁、合金铸铁等。具有如下特点:良好的液态流动性,可铸造成形状复杂的零件。较好的减震性、耐磨性、切削性(指灰铸铁)、成本低廉。

(2)钢,有结构钢、工具钢、特殊钢(不锈钢、耐热钢、耐酸钢等)、碳素结构钢、合金结构钢、铸钢等。与铸铁相比,钢具有高的强度、韧性和塑性。可用热处理方法改善其力学性能和加工性能。

(3)铜合金,主要有青铜(含锡青铜和不含锡青铜)和黄铜。具有良好的塑性和液态流动性。青铜合金还具有良好的减摩性和抗腐蚀性。

非金属材料

(1)橡胶,橡胶富于弹性,能吸收较多的冲击能量。常用作联轴器或减震器的弹性元件、带传动的胶带等。硬橡胶可用于制造用水润滑的轴承衬。

（2）塑料，塑料的比重小，易于制成形状复杂的零件，而且各种不同塑料具有不同的特点，所以近年来在机械制造中其应用日益广泛。

机械设计中选择零件材料的原则是：满足使用要求和工艺要求的前提下，经济最优。

9.6 极限与配合、表面粗糙度和优先数系

极限与配合

机器是由独立制造的零件装配而成的。为了降低生产成本，在大规模生产的情况下，希望制造的零件具有这样的性质：装配时不加选择及附加的加工，就能达到预期的装配技术要求。该性质称为互换性。

由设计图纸给定的零件理论尺寸称为基本尺寸，为固定值；制造加工后测量所得零件尺寸称为实际尺寸，由于测量有误差，所以实际尺寸并非真值。相对于基本尺寸而言，总是有误差；零件满足互换性要求的最大允许尺寸称为最大极限尺寸；零件满足互换性要求的最小允许尺寸称为最小极限尺寸；实际尺寸与理论设计尺寸之差称为尺寸误差；最大极限尺寸与基本尺寸之差称为上偏差；最小极限尺寸与基本尺寸之差称为下偏差；最大极限尺寸与最小极限尺寸之差称为尺寸公差，即允许的尺寸变动量；代表基本尺寸所在位置的一条直线称为零线；由代表上、下偏差的两条直线所限定的区域称为公差带；标准表列的，用于确定公差带相对于零线位置的上偏差或下偏差，一般为靠近零线的那个偏差称为基本偏差。国标规定，孔与轴各有 28 个，用字母表示，公差等级 20 个，用数字表示。标记方法为公差带符号后跟阿拉伯数字表示。

基本尺寸相同，相互结合的孔与轴公差带之间的关系称为配合；孔的尺寸减去相配合轴的尺寸所得代数差称为间隙或过盈。配合分为三大类：间隙配合（孔大轴小）、过渡配合（可能是间隙、可能是过盈）、过盈配合（孔小轴大）。配合制度有基孔制和基轴制两种。

表面粗糙度

表面粗糙度是指零件表面的微观几何形状误差。任何加工后零件表面留下的微细而凹凸不平的刀痕，都具有一定的粗糙度。评定粗糙度的参数之一是轮廓算术平均偏差值 Ra，即取样长度 l 内，被测轮廓上各点至轮廓中线偏差绝对值的算术平均值。偏差值 Ra 越小，表示凹凸不平度越小，零件表面越光洁。常用的 Ra 值为 0.8～12.5。

优先数系

优先数系是国际上统一的数值分级制度，是一种无量纲的分级系数，适用于各种量值的分级。在确定产品的参数或参数系列时，应该最大限度采用。产品的主要参数（如：型号、直径、转速、承载量和功率等）按优先数系形成系列，便于组织生产和降低成本，以实现产品的标准化和系列化。

9.7 机械零件的工艺性及标准化

工艺性

在具体的生产条件下，零件便于加工且费用低，则称此零件具有良好的工艺性。在零件设计阶段就必须注意零件的工艺性。有关工艺性的基本要求有：

(1)毛坯选择合理。

(2)结构简单合理。

(3)恰当的制造精度和表面粗糙度。

(4)尽量减小零件的加工量。

标准化

标准化是在经济、技术、科学及管理等社会实践中，对重复事务和概念通过制定、发布和实施标准，以获得最佳秩序和效益。

标准化的意义是：

(1)在制造上可以实行专业化大批量生产，既可提高产品质量，又可降低成本。

(2)在设计方面可降低设计成本。

(3)在管理维修方面可减少存量和便于更换损坏的零件。

习题全解

教学用的《机械零件设计手册》简明扼要地收集了本课程常用的标准、数据、资料和参考图例，供读者学习和设计时参考与选用。读者平时应注意浏览并逐步熟悉其内容，以便使用时能迅速而准确地查取。题 9-1 至题 9-6 旨在引导读者使用选修课知识和熟悉手册。

9-1 解题过程 机械零件由于某些原因丧失工作能力或达不到设计要求性能时，称为失效。机械零件的失效并不是单纯意味着破坏，可归纳为三种情况：完全不能工作；虽然能工作，但性能恶劣，超过规定指标；有严重损伤，失去安全工作能力，机械零件常见的失效形式有：

(1)断裂　零件在外载荷作用下，某一危险截面上的应力超过零件的强度极限时，就会造成断裂失效。在变应力作用下，长时间工作的零件容易发生疲劳断裂。由于超载、越温、腐蚀、疲劳、氢脆、蠕变等原因，也可造成零件断裂失效，零件的断裂失效对机械产品造成的危害最大。

(2)过大残余变形　零件受载荷作用后发生弹性变形，过度的弹性变形会使零件的机械精度降低，造成较大的振动，引起零件的失效；当作用在零件上的应力超过了材料的屈服极限，零件会产生塑性变形，甚至发生断裂。在高温、载荷的长期作用下，零件会发生蠕变变形，造成零件的变形失效。

(3)表面扣伤失效　零件在长期工作中，由于磨损、磨蚀、磨蚀、接触疲劳等原因，造成零件尺寸变化超过了允许值而失效，或者由于腐蚀、冲刷、气蚀等而使零件表面损伤失效。如齿轮表面由于接触疲劳产生麻点剥落而失效等。

(4)材料变化失效　由于冶金元素、化学作用、辐射效应、高温长时间作用等引起零件的材质变化,使材料性有降低而发生失效。

(5)破坏正常工作条件而引起的失效　有些零件只有在一定条件下才能正常工作,如带传动,只有当传递的有效圆周力小于临界摩擦力时,才能正常工作;液体摩察的滑动轴承只有存在完整的润滑油膜时,才能正常工作。如果这些条件被破坏,将会发生失效。

9-2 解题过程 退火:将钢加热到临界温度以上,并保温到一定时间后,随炉缓慢冷却的热处理方法。主要用来消除内应力,降低硬度,便于切削,细化金属晶粒,改善组织,增加韧性。

正火:将钢加热到临界温度以上,保温一定时间后,空冷或风冷的热处理方法。可消除内应力,降低硬度,便于切削加工,增强韧性。

淬火:将钢加热到临界温度以上,保温一定时间后,浸入到淬火介质中快速冷却的热处理方法。可提高材料的硬度和耐磨性,但存在很大的内应力,脆性也相应增加,所以淬火后一般需回火,淬火还可提高其抗腐蚀性。

调质:淬火后进行高温回火的热处理方法。用来使钢获得高的韧性和足够的强度,广泛应用于较为重要的零件设计中。

表面淬火:迅速将零件表面加热到淬火温度后立即喷水冷却,使工件表面获得高硬度,而芯部保持一定的韧性。主要用于中碳钢或中碳合金钢,以提高表层硬度和耐磨性,同时疲劳强度和冲击韧性都有所提高。

渗碳淬火:将工件放入渗碳介质中加热,并保温一定时间,使介质中的碳渗入到钢件中的热处理方法。适合于低碳钢或低碳合金钢,可提高表层硬度和耐磨性,而仍保留芯部的韧性和高塑性。

9-3 解题过程 结果如题 9-3 表所示。

题 9-3 表

牌号	名称或类型	抗拉强度 σ_B/MPa	屈服强度 σ_S/MPa	延伸率 ε(%)
Q235	普通碳素结构钢	375	235	26
45	优质碳素结构钢	600	355	16
40MnB	合金结构钢	980	785	>9
ZG270-500	铸钢	500	270	18
HT200	灰铸铁	200		
QT500-7	球墨铸铁	500	320	7
ZCuSn10Pb1	铸造锡青铜	220	130	3
ZAlSi12	铸造铝合金	153		2

9-4 解题过程 (1)查手册得 M24 的螺距 $P=3\text{mm}$，退刀槽宽度 $b=9\text{mm}$，过渡圆角半径 $r=0.5P=0.5\times3=1.5\text{mm}$，沟槽直径 $d_3=d-4.4=24-4.4=19.6\text{mm}$，尾部倒角 $C=2.5\text{mm}$。

(2)查手册，对于 M10 的螺栓，最小中心距 $A_1=34\text{mm}$，螺栓轴线与箱壁的最小距离 $T=14\text{mm}$。

9-5 解题过程 查手册，轴径 $d=30\text{mm}$，则平键的断面尺寸为 $b\times h=8\times7$，且轴上键槽尺寸 $t=4.0\text{mm}$，轮毂键槽尺寸 $t_1=3.3\text{mm}$。平键连接的横断面图如题 9-5 解图所示。

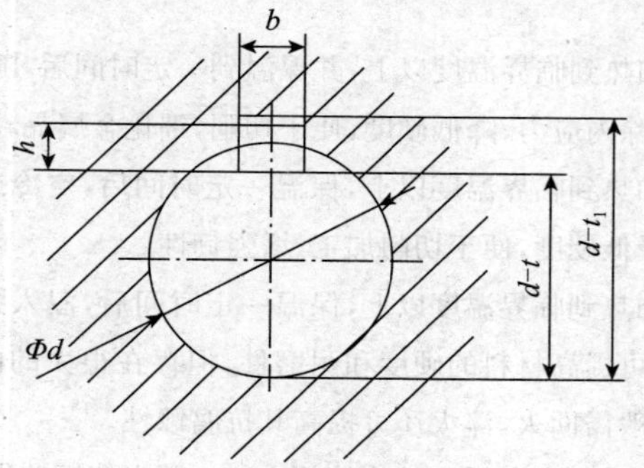

题 9-5 解图

9-6 解题过程 (1)脉动循环变应力。

(2)大齿轮循环次数为

$$N=500\times60n\frac{z_1}{z_2}=500\times60\times200\times\frac{19}{80}=1.425\times10^6$$

(3)对应于循环总次数 N 的疲劳极限提高的倍数为

$$\frac{\sigma_{-1N}}{\sigma_{-1}}=\sqrt[m]{\frac{N_0}{N}}=\sqrt[9]{\frac{10^7}{1.425\times10^6}}=1.24$$

9-7 解题过程 当惰轮转一周时，轮齿任一侧齿根处的弯曲应力的变化规律是：未进入啮合，应力为零，这一侧进入啮合时，该侧齿根受拉，并逐渐达到最大拉应力，然后退出啮合，应力又变为零；接着另一侧进入啮合，该侧齿根受压，并逐渐达到最大压应力，当退出啮合时，应力又变为零。所以，惰轮 4 轮齿根部的弯曲应力是对称循环变应力。

9-8 解题过程 在齿轮传动中，轮齿工作面上任一点所产生的接触应力都是由零(该点未进入啮合)增加到最大值(该点啮合)，然后又降低到零(该点退出啮合)，齿面总是经历接触、脱离、再接触的循环过程，且接触应力的方向不变化。故齿面表面接触应力是脉动循环变应力。

9-9 解题过程 如题 9-9 解图所示。

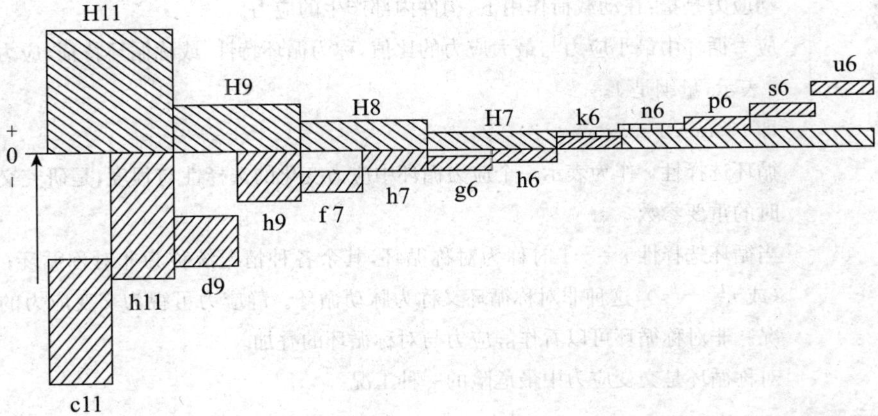

题 9-9 解图

9-10 解题过程 如题 9-10 解图所示。

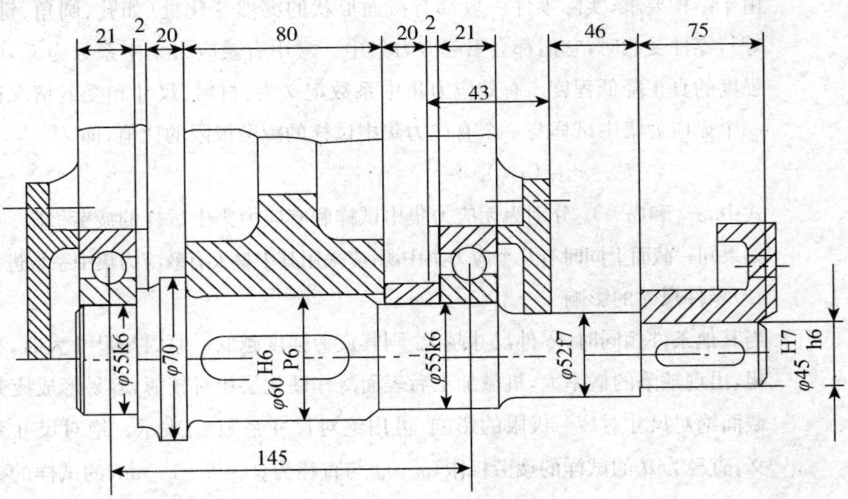

题 9-10 解图

9-11 解题过程 机械零件设计的一般步骤有：

①选择零件类型、结构；②计算零件上的载荷；③选择零件的材料；④确定计算法则；⑤理论设计计算；⑥结构设计；⑦校核计算；⑧绘制零件工作图；⑨编写计算说明书及有关技术文件。

其中步骤④对零件尺寸的确定起决定性的作用。

9-12 解题过程 静应力是指：零件在工作过程中由外因（受力、温度变化等）作用而产生的不变化的应力。

动应力是指：在动载荷作用下，构件内部产生的应力。

应力循环中最小应力与最大应力的比值，称为循环特性（或称循环特征，应力比），用 r 表示，量纲是 1。

即 $r=\min\sigma/\max\sigma$

循环选择性 r 作为表示一个应力循环中应力变化的选择性与程度，是研究交变应力时的重要参数。

当循环选择性 $r=-1$ 时称为对称循环，其余各种情况统称为非对称循环；当 $r=0$（或 $r=-\infty$），这种非对称循环又称为脉动循环。静应力可视为交变应力的特殊情况。非对称循环可以看作静应力与对称循环的叠加。

对称循环是交变应力中最危险的一种工况。

9-13 解题过程 变应力可能由变载荷产生，也可能由静载荷产生。

9-14 解题过程 (1)应力集中的影响

由于结构要求，实际零件一般都有截面形状的突然变化处（如孔、圆角、键槽、缺口等），零件受载时，它们都会引起应力集中。常用有效应力集中系数为 k_σ，表示疲劳强度的真正降低程度。有效应力集中系数定义为：材料、尺寸和受载情况都相同的一个无应力集中试样与一个有应力集中试样的疲劳极限的比值，即

$$k_\sigma=\sigma_{-1}/(\sigma_{-1})_k$$

式中，σ_{-1} 和 $(\sigma_{-1})_k$ 分别为无应力集中试样和有应力集中试样的疲劳极限。

如果同一截面上同时有几个应力集中源，应采用其中最大有效应力集中系数进行计算。

(2)零件尺寸的影响

当其他条件相同时，零件尺寸越大，则其疲劳强度越低。原因是尺寸大时，材料晶粒粗，出现缺陷的概率大，机械加工后表面冷作硬化层相对较薄，容易形成疲劳裂纹。

截面绝对尺寸对疲劳极限的影响，可用绝对尺寸系数 ε_σ 表示。绝对尺寸系数的定义：直径为 d 的试样的疲劳极限 $(\sigma_{-1})_d$ 与直径为 $d_0=6\sim10$ mm 的试样的疲劳极限 $(\sigma_{-1})_{d_0}$ 的比值，即

$$\varepsilon_\sigma=(\sigma_{-1})_d/(\sigma_{-1})_{d_0}$$

(3)表面状态的影响

零件的表面状态包括表现粗糙度和表面处理的情况。零件表面光滑或经过各种强化处理（如喷丸、表面热处理或表面化学处理等），可以提高零件的疲劳强度。表面状态对疲劳极限的影响可用表面状态系数 β 表示。表面状态系数定义为：试样在某种表面状态下的疲劳极限 $(\sigma_{-1})_\beta$ 与精抛光试样（未经强化处理）的疲劳极限 $(\sigma_{-1})_{\beta_0}$ 的比值，即

$$\beta=(\sigma_{-1})_\beta/(\sigma_{-1})_{\beta_0}$$

9-15 解题过程 在机械密封制造行业中，用 P 为值来表示机械密封的工作能力(同时也可用它表示机封的工况负荷)。P 为密封流体压力(MPa)；V 为密封端面的平均滑移速度(m/s)。P 为值的单位力为 MPa. m/s。机械密封的 P 值越高，表示机械密封的工作能力越强；工况 P 值越高，表示机械封要承载的负荷越大(密封腔的流体压力、转动线速度)。

第十章
连　接

本章知识要点

(1)螺纹的类型、主要参数以及螺纹连接的基本类型。

(2)螺栓连接的预紧，防松和螺旋传动的特点、类型。

(3)各种连接方式的工作原理和强度计算方法，能根据工程实际问题正确选用相应的连接类型并进行强度计算。

知识点归纳

10.1　螺纹参数

机械制造中，连接是指被连接件与连接件的组合。允许多次装拆而无损于使用性能的连接称为可拆连接；不损坏组成零件就不能拆开的连接称为不可拆连接。螺纹连接属可拆连接。内外螺纹的旋合组成螺旋副。螺纹既可实现连接，又可实现传动。

螺纹分类

- 螺纹的分类
  - 按螺纹的牙型分
    - 矩形螺纹
    - 三角形螺纹
    - 梯形螺纹
    - 锯齿形螺纹
  - 按螺纹的旋向分
    - 右旋螺纹
    - 左旋螺纹
  - 按螺旋线的根数分
    - 单线螺纹
    - 多线螺纹
  - 按螺纹旋的作用分
    - 联接螺纹
    - 传动螺纹
  - 按母体形状分
    - 圆柱螺纹
    - 圆锥螺纹

螺纹的几何参数

大径 d:与外螺纹牙顶(或内螺纹牙底)相重合的假想圆柱体的直径。

小径 d_1:与外螺纹牙底(或内螺纹牙顶)相重合的假想圆柱体的直径。

中径 d_2:也是一个假想圆柱的直径,该圆柱的母线上牙型沟槽和凸起宽度相等。

螺距 P:相邻两牙在中径线上对应两点间的轴向距离。

导程 S:在中径线上,同一条螺旋线相邻两牙对应点之间的轴向距离。对于线数为 n 的螺纹:$S=nP$;单线螺纹:$S=P$。

螺纹升角 ψ:中径 d_2 圆柱上,螺旋线的切线与垂直于螺纹轴线的平面的夹角。

牙型角 α:轴向截面内螺纹牙型相邻两侧边的夹角。

牙侧角 β:轴向剖面内牙型侧边与螺纹轴线的垂线间的夹角称为牙侧角。对于对称牙型 $\beta=\alpha/2$。

10.2 螺旋副的受力分析、效率和自锁

矩形螺纹($\beta=0^o$)

螺旋副在驱动力矩 T 和轴向载荷 F_a 作用下的相对运动,可看成作用在中径的水平推力 F 推动滑块(重物)沿中径展开的斜面上的运动。斜面的倾角为 ψ(螺纹升角),摩擦因数为 f,摩擦角 $\rho=\arctan f$,螺纹的牙侧角为 β,当量摩擦角为 $\rho'=\arctan\dfrac{f}{\cos\beta}$,其受力分析、效率、自锁如表 10-1 所示。

表 10-1　螺旋副受力分析、效率、自锁条件

	滑块沿斜面匀速上升	滑块沿斜面匀速下滑
水平推力 F	$F=F_a\tan(\psi+\rho')$	$F=F_a\tan(\psi-\rho')$
驱动力 T	$T=F_a\dfrac{d_2}{2}\tan(\psi+\rho')$	$T=F_a\dfrac{d_2}{2}\tan(\psi-\rho')$
效率 η	$\eta=\dfrac{\tan\psi}{\tan(\psi+\rho')}$	
自锁条件		$\psi\leqslant\rho'$

在水平推力 F 作用下，滑块沿斜面匀速上升，由 $F=F_a\tan(\psi-\rho)$ 可求出所需推力的大小。

在载荷（或重力）作用下，滑块有沿螺旋线向下运动的趋势。当 $\psi>\rho'$ 时，有向下加速下滑的趋势，这时由式 $F=F_a\tan(\psi-\rho')$ 求出的 F 为正，为阻力，方向与螺母运动方向相反；当 $\psi\leqslant\rho'$ 时，求出的 F 为负，表示无论载荷（或重力）有多大，都不可能使滑块向下滑动，螺旋副处于自锁条件。在自锁状态下，必须施加驱动力才能使滑块等速下滑。

非矩形螺纹

非矩形螺纹是指牙侧角 $\beta\neq0^o$ 的三角形螺纹、梯形螺纹和锯齿形螺纹。

摩擦阻力为

$$F'=f\cdot F_n=\frac{f}{\cos\beta}\cdot F_a=f'\cdot F_a$$

摩擦系数为 f 的非矩形螺纹所产生的摩擦力与摩擦系数为 f' 的矩形螺纹所产生的摩擦力相当，故称 f' 为当量摩擦系数。

$$f'=\frac{f}{\cos\beta}=\tan\rho'$$

引入参数 f' 和 ρ' 就可像矩形螺纹那样对非矩形螺纹进行力的分析。

滑块上升：

水平推力：$F=F_a\tan(\psi+\rho')$

驱动力矩：$T=\dfrac{d_2}{2}F_a\tan(\psi+\rho')$

滑块下降：

$$F=F_a\tan(\psi-\rho')$$

$$T=\frac{d_2}{2}F_a\tan(\psi-\rho')$$

非矩形螺旋的自锁条件为 $\psi\leqslant\rho'$。

螺旋转动一圈时，有效功为 F_aS，输入功为 $2\pi T$。定义螺旋副的效率为有效功与输入功之比：

$$\eta=\frac{F_aS}{2\pi T}=\frac{F_a}{F_a\tan(\psi+\rho')}\cdot\frac{S}{\pi d_2}=\frac{\tan\psi}{\tan(\psi+\rho')}$$

10.3 机械制造常用螺纹

机械工程中常用的螺纹有三角螺纹、梯形螺纹和锯齿形螺纹。三角螺纹牙侧角 β 大，当量摩擦角 ρ' 大，自锁性好，强度高，主要用于螺纹连接；梯形螺纹的牙侧角 $\beta=15°$，比矩形螺纹同一切削；锯齿形螺纹 $\beta=3°$，牙侧角较小，传动效率高，故多用于螺旋传动。

三角螺纹主要分为普通螺纹和管螺纹。普通螺纹是牙型角 $\alpha=60°$ 的米制螺纹，公称直径为螺纹的大径。同一公称直径可以有多种螺距，其中螺距最大的称为粗牙螺纹，其余的统称为细牙螺纹。常用的是粗牙螺纹，细牙螺纹升角小、小径大、自锁性好、强度高，但不耐磨、易滑扣，主要用于薄壁零件的连接，也可用于微调机构的调节螺纹。

管螺纹的公称直径为管子的公称通径，又分普通细牙螺纹、非螺纹密封管螺纹（$\alpha=55°$）、螺纹密封管螺纹（$\alpha=55°$）与 60°圆锥管螺纹。

10.4 螺纹连接的基本类型及螺纹紧固件

螺纹连接的主要类型如下：

基本类型
- 螺栓连接
- 螺钉连接
- 双头螺柱连接
- 紧定螺钉连接

常用的标准紧固件有：螺栓、螺钉、双头螺柱、螺母、垫圈等。归纳螺纹连接的四大基本类型、应用场合及所用紧固件如表 10-2 所示。

表 10-2　螺纹连接的基本类型、应用场合及所用紧固件

基本类型		特点和应用场合	所用紧固件
螺栓连接	普通螺栓连接	优点是加工简便，成本低，应用较广。用于两被连接件厚度都不太大的场合	螺栓、螺母、垫圈
	铰制孔螺栓连接	用于两被联接件厚度都不太大的场合。更适用于承受垂直于螺栓轴线的横向载荷，或用于精确定位	螺栓、螺母、垫圈
螺钉连接		用于其中一被联接件较厚且不常拆装的场合	螺钉（或螺栓）、垫圈
双头螺栓连接		用于其中一被联接件较厚且经常拆装的场合	双头螺柱、螺母、垫圈
紧定螺钉连接		主要用于固定两零件的相对位置，并可传递不大的载荷	紧定螺钉

10.5 螺纹连接的预紧和防松

螺纹连接在装配时都必须拧紧,这时螺纹连接受到预紧力的作用。

拧紧力矩

螺纹连接的拧紧力矩 T 等于克服螺纹副相对转动的阻力矩 T_1 和螺母支承面上的摩擦阻力矩 T_2 之和,即

$$T=T_1+T_2=\frac{F_a d_2}{2}\tan(\psi+\rho')+f_c F_a r_f$$

其中,f_c 为摩擦系数,r_f 为支撑面摩擦半径。

预紧力的大小要适中,通常是由控制拧紧力矩的大小来达到要求。通常螺纹连接拧紧的程度是凭工人经验来决定的,但对于重要的螺纹连接,控制拧紧力矩的手段有两种:测力矩扳手和定力矩扳手。对于小直径的螺栓连接,在装配拧紧时容易过载拉断。因此对于重要的螺纹连接,不宜采用小于 M12 的螺栓。

螺纹连接的防松

连接用三角形螺纹都具有自锁性,在静载荷和工作温度变化不大时不会自动松脱。但在冲击、振动和变载条件下,预紧力可能在某一瞬时消失,连接仍有可能松动。高温下的螺栓连接由于温度变形差异等,也可能发生松脱现象(如高压锅),因此设计时必须考虑防松,即防止相对转动。

防松的基本原理有三种:利用附加摩擦力防松(如弹簧垫圈、双螺母防松、尼龙圈锁紧螺母等)、采用专门防松元件防松(如槽形螺母与开口销配合、带翅垫片与圆螺母配合、止动垫片等)、其他方法防松(冲点、黏合等)。

10.6 螺栓连接的强度计算

螺栓的主要失效形式有:①螺栓杆拉断;②螺纹牙的压溃和剪断;③经常装拆时因磨损而发生滑扣现象。螺栓连接的计算主要是确定螺纹小径 d_1,然后按照标准选定螺纹公称直径(大径)d 及螺距 P 等。

单个螺栓连接的强度计算是螺纹连接设计的基础。其强度计算是根据连接的类型、连接的装配情况、载荷状态等条件确定出螺栓所受载荷的大小,然后按照相应的强度条件设计计算螺栓的小径或校核其强度。

松螺栓连接

当承受轴向工作载荷 F_a 时,强度条件为

$$\sigma=\frac{F_a}{\pi d_1^2/4}\leqslant[\sigma]$$

其中，d_1 为螺纹小径，mm；$[\sigma]$为许用拉应力，MPa。

紧螺栓连接

螺栓受轴向拉力 F_a 和摩擦力矩 T 的双重作用。拉应力为

$$\sigma=\frac{F_a}{\pi d_1^2/4}\leqslant[\sigma]$$

扭切应力为

$$\tau=\frac{T_1}{\pi d_1^3/16}=\frac{F_a\tan(\psi+\rho')\cdot\frac{d_1}{2}}{\pi d_1^3/16}$$

$$=\frac{2d_2}{d_1}\tan(\psi+\rho')\frac{F_a}{\pi d_1^2/4}$$

对于 M10～M68 的普通螺纹，取 d_1、d_2 和 ψ 的平均值，并取 $\tan\rho'=f'=0.15$，得 $\tau\approx0.5\sigma$，则当量应力为

$$\sigma_c=\sqrt{\sigma^2+3\tau^2}=\sqrt{\sigma^2+3(0.5\sigma)^2}\approx1.3\sigma$$

强度条件为

$$\frac{1.3F_a}{\pi d_1^2/4}\leqslant[\sigma]$$

1. 受横向工作载荷的螺栓强度

所需的预紧力为

$$F_a\geqslant\frac{CF}{mf}$$

其中，C 为可靠性系数，m 为结合面数，f 为摩擦系数。

2. 受轴向工作载荷的螺栓强度

设流体压强为 p，螺栓数目为 Z，则缸体周围每个螺栓的平均载荷为

$$F_E=\frac{p\cdot\pi D^2/4}{z}$$

螺栓的总拉伸载荷为

$$F_a=F_R+F_E$$

其中 F_R 为残余预紧力，其与螺栓刚度、被连接件刚度、预紧力以及工作载荷有关。

10.7 提高螺栓连接强度的措施

螺栓连接承受轴向变载荷时，其损坏形式多为螺栓杆的疲劳断裂，通常都发生在应力集中较严

重的螺栓头部、螺纹收尾部和螺母支承面所在处的螺纹。

提高螺栓连接强度的措施主要有以下四种：

(1)降低螺栓总拉伸载荷的 F_a 变化范围。例如减小螺栓刚度、增大被连接件刚度，均可减小螺栓所受轴向工作载荷的变化范围，从而防止螺栓的疲劳损坏。

(2)改善螺纹牙间的载荷分布。例如采用悬置螺母或环槽螺母。

(3)减小应力集中。例如增大螺栓圆角、切制卸载槽等。

(4)避免或减小附加应力。例如在铸件或锻件等表面上采用凸台或沉头座等结构。

除上述方法之外，在制造工艺上采用冷镦头部和辗压螺纹的螺栓，其疲劳强度比车制螺栓提高30%。表面氰化、氮化处理也可提高疲劳强度。

10.8 螺旋传动

螺旋传动主要用来把回转运动变为直线运动，同时传递运动和动力。按使用要求可分为三类：传力螺旋、传导螺旋和调整螺旋。

(1)传力螺旋，以传递动力为主，设计时要求用较小的力矩产生较大的轴向力，通常要求具备自锁性。

(2)传导螺旋，以传递运动为主，设计时要求具有很高的运动精度。

(3)调整螺旋，用以调整或固定零件之间的相对位置。

螺旋传动的失效主要由于螺纹磨损，因此通常先由耐磨性条件，算出螺杆的直径和螺母高度，并参照标准确定螺旋各主要参数，而后对可能发生的其他失效一一进行校核。

耐磨性计算

校核公式为

$$p=\frac{F_a}{\pi d_2 hz}\leqslant[p]$$

其中，F_a 为轴向力；z 为参加接触的螺纹圈数；d_2 为螺纹中径；h 为螺纹的工作高度；$[p]$为许用压强。

设计公式为

梯形螺纹

$$d_2\geqslant 0.8\sqrt{\frac{F_a}{\varphi[p]}}$$

锯齿形螺纹

$$d_2\geqslant 0.65\sqrt{\frac{F_a}{\varphi[p]}}$$

螺杆强度的校核

强度校核条件为

$$\sigma_e=\sqrt{\sigma^2+3\tau^2}=\sqrt{\left(\frac{4F_a}{\pi d_1^2}\right)^2+3\left(\frac{T}{\pi d_1^2/16}\right)^2}\leqslant[\sigma]$$

螺杆稳定性的校核

细长螺杆受较大轴向压力时，可能失稳，其临界载荷 F_c 与材料、螺杆长细比 $\lambda=\mu_1/i$ 有关。

当 $\lambda\geqslant100$ 时，临界载荷为

$$F_c=\frac{\pi^2EI}{(\mu I)^2}$$

其中，E 为螺杆的弹性模量，I 为危险截面的惯性矩，l 为螺杆的最大工作长度，μ 为长度系数，i 为螺杆危险截面惯性半径。

当 $40<\lambda<100$ 时，对 $\sigma_B\geqslant370$MPa 的碳素钢，取

$$F_c=(304-1.12)\lambda\frac{\pi d_1^2}{4}$$

对 $\sigma_B\geqslant470$MPa 的优质碳素钢（如 35、40 号钢），取

$$F_c=(461-2.57)\lambda\frac{\pi d_1^2}{4}$$

当 $\lambda<40$ 时，不必进行稳定性校核。

稳定性的校核条件为

$$F_a\leqslant\frac{F_c}{S}$$

螺纹牙强度的校核

防止沿螺母螺纹牙根部剪断的校核公式为

$$\tau=\frac{Fa}{\pi Dbz}[\tau]$$

其中 b 为螺纹牙根部的宽度。

10.9 滚动螺旋简介

在螺旋和螺母之间设有封闭的循环滚道，其间充以滚珠，这样就使螺旋面的滑动摩擦成为滚动摩擦，这种螺旋称为滚动螺旋或滚珠丝杠。

滚动螺旋的主要优点是：摩擦损失小；磨损很小，传动精度很高；不自锁。

滚动螺旋的缺点是：结构复杂，制造困难；有些机构为防止逆转需要另加自锁机构。

10.10 键连接和花键连接

键连接的类型

键主要用来实现轴和轴上零件的周向固定以传递扭矩，或实现零件的轴向固定或移动。键是标准件，分为平键、半圆键、楔键和切向键等。

(1)平键连接。平键具有定心好、装拆方便等优点。常用的平键有普通平键和导向平键，此外还有薄型平键和滑键。

普通平键根据端部形状又有圆头（A 型）、方头（B 型）、半圆头（C 型）三种类型。圆头型键槽用指形铣刀加工，键在键槽中固定良好，但键槽端部有应力集中；方头键槽用盘形铣刀加工，应力集中较小；半圆头平键主要用于轴端连接。普通平键应用最广，主要用于静连接，主要失效形式为工作面被压溃。

导向平键长度较长，需用螺钉固定。主要用于动连接，导向平键与轴用螺钉固连，滑移距离不大，主要失效形式为过度磨损。

(2)半圆键连接。以两侧面为工作面，靠轴和轮毂与键的挤压和键的剪切传递转矩。缺点是键槽对轴的削弱较大，只适用于轻载连接。

(3)楔键连接。其上下两面为工作面，楔键的上表面和与它相配合的轮毂键槽均有 1:100 的斜度，靠上、下两面楔紧的摩擦力传递转矩。其特点是：对中性差，轴和轮毂有偏心和偏斜；可承受单向轴向载荷，可对轮毂单向轴向固定。楔键主要分为普通楔键（圆头、平头、半圆头）和钩头楔键两种。

(4)切向键连接。由一对楔键组成，工作面为相平行的两窄面，靠轴和轮毂与键的挤压和摩擦力传递转矩。

平键连接的强度校核

设载荷为均匀分布，可得平键连接的挤压强度条件为

$$\sigma_p=\frac{F_t}{S}=\frac{T}{(d/2)(h/2)l}=\frac{4T}{dhl}\leqslant[\sigma_p]$$

对于导向平键连接，计算依据是磨损，应限制压强

$$p=\frac{4T}{dhl}\leqslant[p]$$

其中，T 为转矩，d 为轴径，h 为键的高度，l 为键的工作长度。

花键连接

轴和轮毂孔周向均布的多个键齿构成的连接称为花键连接。花键适用于定心精度高、载荷大、有轴向滑移的连接中。标准花键按齿形不同，主要有矩形花键和渐开线花键。

花键的工作面为齿的两侧面。花键连接可以做成静连接和动连接，其中静连接主要失效为工作面被压溃，按工作面上的挤压应力计算所能传递的扭矩；动连接主要失效为工作面过度磨损，安工作面上的压力计算所能传递的扭矩。花键连接具有承载能力高、对轴的削弱程度小、定心好、导向性好等优点。

10.11 销连接

销主要用于固定零件之间的相互位置，并传递不大的载荷。

按销的形状分为圆柱销和圆锥销。圆柱销经多次拆装后，定位精度会降低；圆锥销有 1∶50 的锥度，可反复多次拆装。

习题全解

10-1 解题过程 当升角 ψ 与当量摩擦角 ρ' 符合 $\psi\leqslant\rho'$ 时，螺纹副有自锁性。

螺旋传动的效率为

$$\eta=\frac{\tan\psi}{\tan(\psi+\rho')}\leqslant=\frac{\tan\psi}{\tan2\psi}=\frac{\tan\psi}{2\tan\psi(1-\tan^2\psi)}$$

$$=0.5-\frac{\tan^2\psi}{2}<0.5$$

故，具有自锁性的螺旋传动效率恒小于 50%。

10-2 解题过程 对 M20 有 $P=2.5\text{mm}$，由相同公称直径情况下螺距小的螺纹升角小知，M20×1.5 的螺纹自锁性较好。

10-3 解题过程 查教材表 10-1 知 M8 螺距 $P=1.25\text{mm}$，$d_2=7.188\text{mm}$，$d_1=6.647\text{mm}$，则螺纹升角为

$$\psi=\arctan\frac{P}{\pi d_2}$$

$$=\arctan\frac{1.25}{\pi\times7.188}=3.17°$$

当量摩擦角为

$$\rho'=\arctan\frac{f}{\cos\beta}=\arctan\frac{0.1}{\cos30°}=6.59°$$

拧紧力矩为

$$T=125\times24=30000\text{N}\cdot\text{mm}$$

由

$$T=T_1+T_2=\frac{F_a d_2}{2}\tan(\psi+\rho')+\frac{(d_w+d_0)f_c F_a}{4}$$

可得

$$F_a=\frac{T}{\frac{d_2}{2}\tan(\psi+\rho')+\frac{(d_w+d_0)f_c}{4}}$$

$$=\frac{30000}{\frac{7.188}{2}\tan(3.17°+6.59°)+\frac{(11.5+9)\times0.12}{4}}=24331\text{N}$$

拉应力为

$$\sigma=\frac{F_a}{\pi d_1^2/4}=\frac{4\times24.331}{\pi\times6.647^2}=702\text{MPa}$$

由教材表 9-1 得，35 号钢的屈服极限 $\sigma_S=315\text{MPa}$。

而拧紧所产生的拉应力已远远超过了材料的屈服极限，故螺栓将损坏。

10-4 解题过程 (1)梯形螺纹

$$\psi=\arctan\frac{np}{\pi d_2}=\arctan\frac{4\times10}{3.14\times65}=11.08°$$

当量摩擦角为

$$\psi=\arctan f'=\arctan0.1=5.71°$$

则稳定上升时的效率为

$$\eta=\frac{\tan\psi}{\tan(\psi+\rho')}=\frac{\tan11.08°}{\tan(11.08°+5.71°)}=64.9\%$$

(2)稳定上升时的力矩为

$$T=F_a\frac{d_0}{2}\tan(\psi+\rho')$$

$$=100\times10^3\times\frac{65\times10^{-3}}{2}\tan(11.08°+5.71°)$$

$$=980\text{N}\cdot\text{m}$$

(3)螺杆转速为

$$n=\frac{v}{S}=\frac{v}{np}=\frac{800}{4\times10}=20r/\text{min}$$

螺杆所需的功率为

$$P=T\omega=T\frac{2\pi n}{60}=980\times\frac{2\times3.14\times20}{60}=2050\text{W}=2.05\text{kW}$$

(4)因 $\psi=11.08^\circ>\rho'=5.71^\circ$，不具有自锁性，欲使工作台在载荷 F_a 作用下等速下降，需制动装置。

制动力矩为

$$T=F_a\frac{d_0}{2}\tan(\psi-\rho')$$

$$=100\times10^3\times\frac{65\times10^{-3}}{2}\tan(11.08^\circ-5.71^\circ)=305\text{N}\cdot\text{m}$$

10-5 解题过程 由教材表 9-1 可得 Q235 的 $\sigma_S=235\text{MPa}$，由表 10-6 得，当控制预紧力时可取 $S=1.3$，则许用应力为

$$[\sigma]=\frac{\sigma_S}{S}=\frac{235}{1.3}=181\text{MPa}$$

查教材表 10-1 知 M10 的小径为 $d_1=8.376\text{mm}$，由

$$\sigma_e=\frac{1.3F_a}{\pi d_1^2/4}=[\sigma]$$

得

$$F_a=\frac{[\sigma]\pi d_1^2/4}{1.3}=\frac{181\times3.14\times8.376^2}{4\times13}=7668\text{N}$$

取可靠性系数 $C=1.3$，则牵引力为

$$F=\frac{zF_a mf}{C}=\frac{2\times7668\times1\times0.15}{1.3}=1770\text{N}$$

10-6 解题过程 查教材表 9-1 得 $\sigma_S=275\text{MPa}$，取 $S=3$，则

$$[\sigma]=\frac{\sigma_S}{S}=\frac{275}{3}=92\text{MPa}$$

故所需拉杆的最小直径为

$$d_1\geqslant\sqrt{\frac{4\times1.3F_a}{\pi[\sigma]}}=\sqrt{\frac{4\times1.3\times13\times10^3}{3.14\times92}}=15.3\text{mm}$$

10-7 解题过程 查教材中表 10-5 得 $\sigma_S=320\text{MPa}$，取 $S=3.2$，则

$$[\sigma]=\frac{\sigma_S}{S}=100\text{MPa}$$

查教材中表 10-1 得，对 M20，$d_1=17.294\text{mm}$，故螺栓所能承受的最大预紧力为

$$F_a=\frac{[\sigma]\pi d_1^2/4}{1.3}=\frac{100\times3.14\times17.294^2}{4\times1.3}=18060\text{N}$$

由

$$zF_a fD=WL$$

得施加于杠杆端部作用力的最大值为

$$W=\frac{zF_a fD}{L}=\frac{2\times18060\times0.15\times50}{400}=677.249\text{N}$$

10-8 解题过程 采用 M12 的铰制孔螺栓，厚度为 10.23mm，被连接件长度为 46mm，选螺栓长度为 $L=60\text{mm}$，螺杆上无螺纹部分直径 $d_0=17\text{mm}$，长度 32mm。受挤压面的最小长度为

$$n_{\min}=23-(46-32)=9\text{mm}$$

联轴器上螺栓所受剪力为

$$F_s=\frac{T_r}{4r}=\frac{630\times10^3}{4\times\frac{130}{2}}=2423.08\text{N}$$

对螺栓 8.8 级有 $\sigma_s=640\text{MPa}$，$[\tau]=\frac{\sigma_s}{2.5}=\frac{640}{2.5}=256\text{MPa}$

而 $$\tau=\frac{4F_s}{\pi d_0^2\text{m}}=\frac{4\times2423.08}{3.14\times17^2\times1}=10.68<[\tau]$$

故满足剪切强度要求

对螺栓有 $$\sigma_{p1}=\frac{\sigma_B}{s}=\frac{640}{1.25}=512\text{MPa}$$

而对铸铁 HT250，查教材表 9-1 知 $\sigma_B=240\text{MPa}$ 则

$$\sigma_{p2}=\frac{\sigma_B}{s}=\frac{240}{2.5}=96\text{MPa}$$

故 $$[\sigma_p]=\min\{\sigma_{p1},\sigma_{p2}\}=96\text{MPa}$$

而 $$\sigma_p=\frac{F_s}{d_0 n_{\min}}=\frac{2423.08}{17\times9}=15.84<[\sigma_p]$$

故满足挤压强度要求。

10-9 解题过程 查教材表 10-1 可得 M16 的小径 $d_1=13.835\text{mm}$，对受旋转力矩的普通螺栓连接有

$$zfF_a\cdot r=CT$$

即 $$F_a=\frac{CT}{zfr}$$

取 $C=1.2$，$S=4$ 则由 $\sigma=\frac{4\times1.3F_a}{\pi d_1^2}\leqslant[\sigma]=\frac{\sigma_s}{s}$ 得

$$\sigma_s\geqslant\frac{s\times4\times1.3CT}{\pi d_1^2 zfr}=\frac{4\times4\times1.3\times1.2\times630\times1000}{3.14\times13.835^2\times6\times0.15\times\frac{130}{2}}=447.24\text{MPa}$$

故取螺栓性能等级为 6.8 级，螺母性能等级为 6 级。

10-10 解题过程 初选螺柱个数 $z=8$。则每个螺柱的工作载荷为

$$F_E=\frac{p\pi D^2/4}{z}=\frac{3\times3.14\times160^2/4}{8}=7536\text{N}$$

螺柱连接有紧密性要求，取残余预紧力为

$$F_R=1.8F_E=1.8\times7536=13565\text{N}$$

则螺柱总拉力为

$$F_a=F_E+F_R=7536+13565=21101\text{N}$$

选取螺柱材料为 45 号钢，查教材中表 9-1 得，屈服极限 $\sigma_s=355\text{MPa}$；当不能严格控制预紧力时，暂时取安全因数 $S=3$。则

$$[\sigma]=\frac{\sigma_s}{S}=\frac{355}{3}=118\text{MPa}$$

螺栓小径为

$$d_1\geqslant\sqrt{\frac{4\times13F_a}{\pi[\sigma]}}=\sqrt{4\times13\times21\frac{101}{3.14\times118}}=17.2\text{mm}$$

查教材表 10-1，可取 M20 螺栓（$d_1=17.294\text{mm}$），由教材表 10-7 可知，取安全因数 $S=3$是合适的。

螺柱分布圆直径为

$$D_0=D+2e=160+2\times(20+3\sim6)=206\sim212\text{mm}$$

取 $D_0=210\text{mm}$。

螺柱间距

$$l=\frac{\pi D_0}{z}=\frac{3.14\times210}{8}=82.5\text{mm}<4.5d=4.5\times20=90\text{mm}$$

所以所选螺柱的个数和螺柱的直径都合适。

10-11 解题过程 (1)查手册，对梯形螺纹 GB5796-86，公称直径 $d=52\text{mm}$，初选螺距 $P=8\text{mm}$，则中径$d_2=48\text{mm}$，小径 $d_1=43\text{mm}$。

螺纹升角为

$$\psi=\arctan=\frac{P}{\pi d_2}=\arctan\frac{8}{3.14\times48}=3.04°$$

当量摩擦角为

$$\rho'=\arctan\frac{f}{\cos\beta}=\arctan\frac{0.15}{\cos15°}=8.83°$$

所需转矩为

$$T=\frac{F_a d_2}{2}\tan(\psi+\rho')+r_f f_c F_a$$

$$=\frac{40\times10^3\times48\times10^{-3}}{2}\tan(3.04°+8.83°)=202\text{N}\cdot\text{m}$$

则手柄的长度为

$$L=\frac{T}{F}=\frac{202}{250}=0.808\text{m}=808\text{mm}$$

(2)初取螺纹圈数 $z=8$,则螺母高度为

$$H=zt=8\times8=64\text{mm}$$

此时,$\Phi=\frac{H}{d_2}=\frac{64}{48}=1.33$,在 1.2 至 2.5 许可范围内。

10-12 解题过程 根据耐磨性初选参数。初选 $\Phi=1.5$;查教材中表 10-9,螺旋副的许用压强$[p]=15\sim25\text{MPa}$,可取$[p]=20\text{MPa}$。选用梯形螺纹

$$d_2\geqslant\sqrt{\frac{F_a}{[P]}}=\sqrt{\frac{30\times10^3}{1.5\times20}}=31.6\text{mm}$$

查手册,选取梯形螺纹 GB5796-86,取公称直径 $d=36\text{mm}$,中径 $d_2=33\text{mm}$,小径 $d_1=29\text{mm}$,螺距 $P=6\text{mm}$。

初步计算螺母的高度为

$$H=d_2=1.5\times33=49.5\text{mm}$$

则螺栓与螺母接触的螺纹圈数为

$$z=\frac{H}{P}=\frac{49.5}{6}=8.25$$

取 $z=9$。

螺母高度为

$$H=zP=9\times6=54\text{mm}$$

系数为

$$\Phi=H/d_2=54/33=1.64$$

螺纹工作高度为

$$h=0.5P=0.5\times6=3\text{mm}$$

则螺纹接触处的压强为

$$p=\frac{F_a}{\pi d_2hZ}=\frac{30\times10^3}{3.14\times33\times3\times9}=10.7\text{MPa}\leqslant[p]$$

故合适。

起重器 $\mu=2$,螺杆危险截面的惯性半径 $i=d_1/4=29/4=7.25\text{mm}$,螺杆的最大工作长度 $l=550\text{mm}$,则螺杆的长细比为

$$\lambda=\frac{ul}{i}=\frac{2\times550}{7.25}=152>100$$

临界载荷为

$$F_C=\frac{\pi^3EI}{(\mu l)^2}=\frac{3.14^3\times2.06\times10^5\times29^4}{(2\times550)^2}=3727991\text{N}=3728\text{kN}$$

取 $S=4$，则

$$\frac{F_C}{S}=\frac{3728}{4}=932\text{kN}>F_a=30\text{kN}$$

满足稳定性要求。

对于梯形螺纹，有

$$b=0.65P=0.65\times6=3.9\text{mm}$$

$$\tau=\frac{F_a}{\pi d_1bZ}=\frac{30\times10^3}{3.14\times29\times3.9\times9}=9.4\text{MPa}$$

对于青铜螺母$[\tau]=30\sim40$MPa，故合适。

10-13 解题过程 略。

10-14 解题过程 查表 10-9，由轴径 $d=55$mm 可得，$b=16$mm，$h=10$mm。选用 A 型平键，取键的长度$L=90$mm。其标记为：键 16×90GB1096-79。

由教材表 10-10 查得，铸铁联轴器的许用挤压应力为

$$[\sigma_p]=70\sim80\text{MPa}$$

A 型键的工作长度为

$$l=L-b=90-16=74\text{mm}$$

则

$$\sigma_p=\frac{4T}{dhl}=\frac{4\times1500\times10^3}{55\times10\times74}=147\text{MPa}$$

则 $\sigma_p>[\sigma_p]$，故使用平键挤压强度不够，这时可使轴与联轴器孔之间采用过盈配合，以便承担一部分转矩，但其缺点是装拆不便。还可改用花键连接。

10-15 解题过程 根据轴径 $d=55$mm，查手册可知 $d=56$mm，故选择矩形花键的规格为：花键 8×56×62×10GB1144-87。

花键的齿数 $z=8$、大径 $D=62$mm，键宽 $B=10$mm，键长取 $l=90$mm，倒角 $C=0.4$mm。

取载荷不均匀系数 $K=0.8$，齿面工作高度

$$h=\frac{D-d}{2}-2C=\frac{62-56}{2}-2\times0.4=2.2\text{mm}$$

平均半径为

$$r_m=\frac{D+d}{4}=\frac{62+56}{4}=29.5\text{mm}$$

则

$$\sigma_p=\frac{T}{Kzhlr_m}=\frac{1500\times10^3}{0.8\times8\times2.2\times90\times29.5}=40\text{MPa}$$

查表 10-11 知$[\sigma_p]=60\sim100\text{MPa}$，故合适。

从 10-14 题结果来看，采用普通的平键及时采用双键对称布置也不完全满足要求且可靠性低，而采用矩形花键连接时则完全符合要求。

第十一章
齿轮传动

本章知识要点

(1)齿轮传动的失效形式分析。

(2)齿轮材料与热处理方式的选择。

(3)齿轮传动的受力分析及其计算。

(4)载荷系数的主要影响因素。

(5)直齿圆柱齿轮的齿面接触疲劳强度和齿根弯曲疲劳强度计算的力学模型、理论依据、力作用点及计算点、应力的类型及变化特性。

(6)斜齿圆柱齿轮传动中各分力大小的计算与各分力方向的判断,及其传动强度计算的特点。

(7)直齿圆锥齿轮传动中各分力大小的计算与各分力方向的判断,及其传动强度计算的特点。

(8)提高弯曲强度和接触强度的措施。

知识点归纳

11.1 齿轮的失效形式和设计计算准则

齿轮的失效形式

按照工作条件的不同,齿轮传动可以分为闭式传动和开式传动。闭式传动的齿轮封闭在箱体内,润滑良好,用于重要的齿轮传动中。开式传动是外露的,易落入灰尘、杂质等,用于低速传动。

齿轮的失效形式主要有以下五种:

(1)轮齿折断。在开式和闭式齿轮传动中都可能发生。轮齿折断由齿根弯曲应力和应力集中引起,主要发生在齿根部分受拉应力的一侧。齿根折断分两种:过载折断:因短时的严重过载或冲击载荷引起的轮齿突然折断;疲劳折断:多次重复作用下,弯曲变应力超过弯曲疲劳极限引起的轮齿折断。

(2)齿面点蚀。是润滑良好的闭式齿轮传动常见的失效形式,开式齿轮传动由于磨损较快,点蚀还来不及出现或扩展即被磨掉,故一般不会发生点蚀。点蚀是在变化着的接触应力作用下,齿面接触应力超过材料的接触疲劳极限时,在齿面上产生的麻点状损伤现象。点蚀首先发生在齿根表面靠近节线处。

(3)齿面胶合。高速重载(热胶合)或低速重载润滑不良时(冷胶合)的主要失效形式。高速重载传动下,齿面间压力大、相对滑动速度高,啮合区温度升高引起润滑失效,致使两齿面金属直接接触,又因相对滑动速度较高,从而沿着相对滑动方向,较软齿面被撕下而形成沟纹。低速重载或缺润滑油时,由于压力过大,润滑油膜被挤破,引起胶合。

提高抗胶合能力的措施:提高齿面硬度、减小粗糙度值、对低速传动采用抗胶合能力强的润滑油(对高速传动加极压添加剂)、改善散热条件等。

(4)齿面磨损。开式齿轮传动的主要失效形式之一。齿面磨损的主要形式是磨粒磨损,即由于灰尘、硬屑粒等进入齿面间而引起的磨损。齿面过度磨损后,导致严重噪声和振动,最终使传动失效。

提高抗齿面磨粒磨损的措施:减小粗糙度值、保持良好润滑。

(5)齿面塑性变形。过载严重和起动频繁齿轮传动的主要失效形式。重载时,较软的齿面可能在摩擦力作用下,沿摩擦力方向产生局部塑性流动,从而破坏齿形。

提高抗塑性变形能力的措施:提高齿面硬度、提高润滑油黏度或加极压添加剂等。

齿轮设计计算准则

(1)对于闭式齿轮传动,必须计算轮齿弯曲疲劳强度和齿面接触疲劳强度,以免产生轮齿疲劳折断和齿面点蚀。对于高速重载齿轮传动,还必须计算其抗胶合能力。而对于一般的传动,只要选择恰当的润滑方式和润滑油的牌号和粘度,即可避免产生胶合和磨损。

(2)对于开式传动。只需要计算轮齿的弯曲疲劳强度,以及轮齿疲劳折断。由于开式传动的轮齿齿面磨损速度大于齿面点蚀速度,故不用计算齿面接触强度。

对于齿面胶合磨损,目前尚无成熟的计算方法,一般可将由弯曲强度计算出来的模数值加大10%～15%,以补偿预期的磨损量。

11.2　齿轮材料及热处理

常用的齿轮材料是各种牌号的优质碳素钢、合金结构钢、铸钢和铸铁等。

齿轮常用的热处理方法有以下几种:

(1)表面淬火。一般用于中碳钢和中碳合金钢。表面淬火后轮齿变形不大,可不磨齿。其方法有高频淬火和火焰淬火等。

(2)渗碳淬火。渗碳钢为含碳量0.15%～0.25%的低碳钢和低碳合金钢,渗碳淬火后齿面硬度高,齿面接触强度高,耐磨性好,而齿芯部仍保持有较高的韧性,常用于受冲击载荷的重要齿轮传动。

(3)调质。调质一般用于中碳钢和中碳合金钢。调质处理后齿面硬度不高,故可在热处理以后精切齿形，且在使用中易于跑和。

(4)正火。机械强度要求不高的齿轮可用中碳钢正火处理，大直径的齿轮可用铸钢正火处理。正火能消除内应力、细化晶粒、改善力学性能和切削性能。

(5)渗氮。适用于难以磨齿的场合，如内齿轮。不适于受冲击载荷和会产生严重磨损的场合。渗氮是一种化学热处理，渗氮处理温度低，齿的变形小。

11.3 齿轮传动的精度

误差对传动带来的影响主要有以下三方面：

(1)影响传递运动的准确性。

(2)影响传动的平稳性。

(3)影响载荷分布的均匀性。

按照误差的特性及其对传动性能的主要影响，将齿轮的各项公差分成三个组。即运动精度规范——第Ⅰ公差组(反映传递运动的准确性)；工作平稳性精度规范——第Ⅱ公差组(反映传递运动的平稳性)；接触精度规范——第Ⅲ公差组(反映载荷分布的均匀性)。此外还规定了齿轮副侧隙、齿坯公差。

11.4 直齿圆柱齿轮传动的作用力及计算载荷

齿轮上的作用力

如果忽略摩擦力，则啮合两齿轮之间相互作用的总压力为法向力 F_n，其方向沿啮合线垂直作用在齿面上，其作用点常常简化为集中力作用于节点 P 处。将法向力 F_n 分解成相互垂直的圆周力 F_t、径向力 F_r。具体计算公式及主、从齿轮间力的相互关系如下：

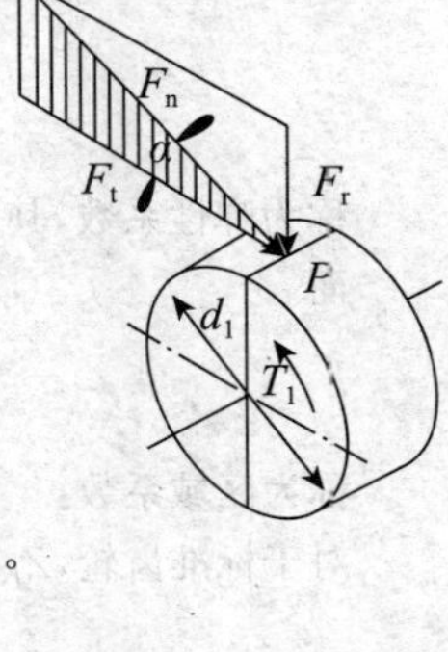

圆周力

$$F_t=2T_1/d_1$$

径向力

$$F_r=F_t\cdot\tan\alpha$$

法向力

$$F_n=F_t/\cos\alpha$$

其中 T_1 为小齿轮上的转矩，$T_1=9.55\times10^6 P_1/n_1$，$P$ 为所传递的功率(kW)，n_1 为小齿轮转速(r/min)；d_1 为小齿轮的分度圆直径(mm)；α 为压力角。

计算载荷

(1)名义载荷(公称载荷)F_n。是指通过理论力学公式计算出来，作用于齿面接触线上的法向载荷。

(2)计算载荷 KF_n。指的是有载荷集中和附加动载荷的影响时，接近于真实值的载荷。其中 K 为载荷系数。

(3)载荷集中。由于传动装置的轴和轴承的变形、制造和安装误差，载荷沿齿宽会分布不均匀，出现载荷集中的现象。

(4)附加动载荷。由于齿轮制造误差、原动机和工作机的特性、工作中的变形等原因，会引起附加动载荷。主要影响因素有：齿轮的制造精度、原动机与工作机的类型以及圆周速度。制造精度越低、圆周速度越高时，附加动载荷就会越大。

11.5 直齿圆柱齿轮传动的齿面接触强度计算

齿面疲劳点蚀与齿面接触应力的大小有关，齿面最大接触应力可近似地用赫兹公式计算，即

$$\sigma_H=\sqrt{\frac{F_n\dfrac{1}{\rho_1}\pm\dfrac{1}{\rho_2}}{\pi\left[\dfrac{1-\mu_1^2}{E_1}\right]+\left[\dfrac{1-\mu_2^2}{E_2}\right]b}}$$

上式中，正号用于外啮合，负号用于内啮合。其中

$$\rho_1=N_1C=\frac{d_1}{2}\sin\alpha,\rho_2=N_2C=\frac{d_2}{2}\sin\alpha$$

取 $u=d_2/d_1=z_2/z_1$，得

$$\frac{1}{\rho_1}\pm\frac{1}{\rho_2}=\frac{\rho_2\pm\rho_1}{\rho_1\rho_2}=\frac{2(d_2\pm d_1)}{d_1d_2\sin\alpha}=\frac{\mu\pm1}{\mu}\cdot\frac{2}{d_2\sin\alpha}$$

考虑到在节点处一般仅有一对齿啮合，即载荷由一对齿承担，所以有

$$\sigma_H=\sqrt{\frac{F_n\dfrac{2}{d_1\sin\alpha}\times\dfrac{\mu\pm1}{\mu}}{\pi b\left(\dfrac{1-\mu_1^2}{E_1}+\dfrac{1-\mu_2^2}{E_2}\right)}}=\sqrt{\frac{\dfrac{F_t}{\cos\alpha}\times\dfrac{2}{d_1\sin\alpha}\times\dfrac{\mu\pm1}{\mu}}{\pi b\left(\dfrac{1-\mu_1^2}{E_1}+\dfrac{1-\mu_2^2}{E_2}\right)}}$$

(见教材 175 页)

其中

$$Z_E=\sqrt{\frac{1}{\pi\left(\dfrac{1-\mu_1^2}{E_1}+\dfrac{1-\mu_2^2}{E_2}\right)}}$$

称为弹性系数，其值与材料有关。

而

$$Z_H=\sqrt{\frac{2}{\sin\alpha\cdot\cos\alpha}}$$

称为区域系数。

对于标准齿轮，$Z_H=2.5$，

则
$$\sigma_H=2.5Z_E\sqrt{\frac{F_t}{bd_1}\frac{\mu\pm1}{\mu}}$$

以 KF_t 取代 F_t，且

$$F_t=\frac{2T_1}{d_1}$$

则接触疲劳强度的校核公式为

$$\sigma_H=2.5Z_E\sqrt{\frac{2KT_1}{bd_1^2}\frac{\mu\pm1}{\mu}}\leqslant[\sigma_H]\text{MPa}$$

令

$$\phi_d=\frac{b}{d_1}$$

带入可得接触疲劳强度设计公式为

$$d_1\geqslant2.32\sqrt[3]{\frac{KT_1}{\phi_d}\frac{\mu\pm1}{\mu}\left(\frac{Z_E}{[\sigma_H]}\right)}\text{mm}$$

$[\sigma_H]$应取配对齿轮中的较小许用接触应力：

$$[\sigma_H]=\frac{\sigma_{H\lim}}{S_H}\text{MPa}$$

11.6 直齿圆柱齿轮传动的轮齿弯曲强度计算

假定全部载荷仅由一对轮齿承担，则齿根危险截面的弯曲力矩为

$$M=KF_nh_F\cos\alpha_F,W=\frac{bs_F^2}{6}$$

W 为危险截面的弯曲截面系数。

故危险截面的弯曲应力为

$$\sigma_F=\frac{M}{W}=\frac{6KF_nh_F\cos\alpha_F}{bs_F^2}=\frac{6KF_th_F\cos\alpha_F}{bs_F^2\cos\alpha}$$

$$=\frac{KF_t}{bm}\cdot\frac{6\left(\frac{h_F}{m}\right)\cos\alpha_F}{\left(\frac{s_F}{m}\right)^2\cos\alpha}$$

令 $$Y_{Fa}=\frac{6\left(\frac{h_F}{m}\right)\cos\alpha_F}{\left(\frac{s_F}{m}\right)^2\cos\alpha}$$

Y_{Fa} 称为齿形系数。

轮齿弯曲强度的校核公式为：$\sigma_F=\frac{2KT_1Y_{Fa}Y_{sa}}{bm^2Z_1}\leqslant[\sigma_F]$

Y_{sa} 为应力集中系数。

则设计公式为： $$m\geqslant\sqrt[3]{\frac{2KT_1}{\varphi_dZ_1^2}\cdot\frac{Y_{Fa}Y_{sa}}{[\sigma_F]}}$$

在弯曲强度校核时，要求 $\sigma_{F1}\leqslant[\sigma]_{F1}$，$\sigma_{F2}\leqslant[\sigma]_{F2}$ 分别校核，按照弯曲强度设计大小齿轮时，其他参数均相同，只有$\frac{Y_{Fa}Y_{Sa}}{[\sigma]_F}$不同，应将$\frac{Y_{Fa1}Y_{Sa1}}{[\sigma]_{F1}}$和$\frac{Y_{Fa2}Y_{Sa2}}{[\sigma]_{F2}}$中较大者代入计算。另外，在其他参数相同的

条件下，弯曲疲劳强度与 m 成正比。

11.7 设计圆柱齿轮时材料和参数的选取

材料

转矩不大时，可试选用碳素结构钢，若算出的齿轮直径太大，则可选用合金结构钢。尺寸较大的齿轮可用铸钢，转矩小时，也可选用铸铁。

主要参数

见表 11-1。

表 11-1

齿数比	小轮齿数 Z_1	齿宽系数及齿宽
$u=z_2/z_1\leqslant 7$	闭式：$Z_1=20\sim40$， 开式：$Z_1=17\sim20$	$\varphi_d=b/d_1$ 查表得来，算得 b_2， $b_1=b_2+5\sim10$

11.8 斜齿圆柱齿轮传动

轮齿上的作用力

轮齿上的作用力如图 11-1 所示，计算公式如表 11-2 所示。

表 11-2

	圆周力	径向力	轴向力
大小	$F_t=\dfrac{2T_1}{d_1}$	$F_r=\dfrac{F_t\tan\alpha_n}{\cos\beta}$	$F_a=F_t\tan\beta$
方向	主反从同	指向各自轮心	主动轮的左右手螺旋定则

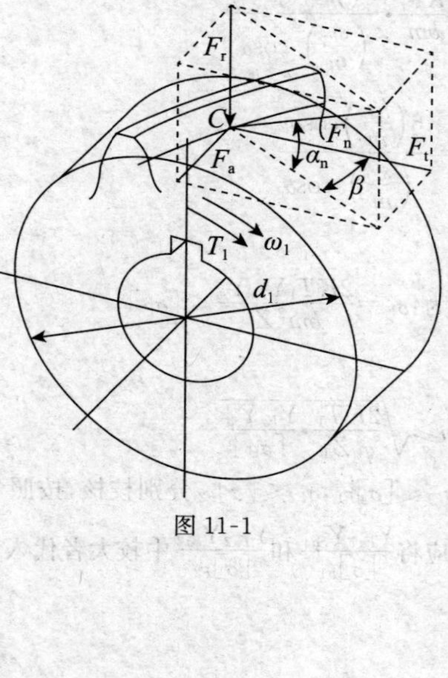

图 11-1

（教材图 11-10(a)）

根据主动轮轮齿的齿向(左旋或右旋)伸左手或右手,四指沿着主动轮的转向握住轴线,大拇指所指即为主动轮所受的 Fa_1 的方向,Fa_2 与 Fa_1 方向相反。

强度计算

接触疲劳强度的校核公式为

$$\sigma_H = 3.54 Z_E Z_\beta \sqrt{\frac{KT_1}{bd_1^2} \cdot \frac{u \pm 1}{u}} \leqslant [\sigma_H] \text{MPa}$$

接触疲劳强度的设计公式为

$$d_1 \geqslant 2.32 \sqrt{\frac{KT_1}{\Phi_d} \cdot \frac{u \pm 1}{u} \left(\frac{Z_E Z_\beta}{[\sigma_H]}\right)^2} \text{mm}$$

其中 Z_E 为材料的弹性系数,$Z_\beta = \sqrt{\cos\beta}$ 称为螺旋角系数。

齿根弯曲疲劳强度条件为

$$\sigma_F = \frac{2KT_1 Y_{Fa} Y_{sa}}{bd_1 m_n} \leqslant [\sigma_F] \text{MPa}$$

$$m_n \geqslant \sqrt[3]{\frac{2KT_1}{\Phi_d Z_1^2} \cdot \frac{Y_{Fa} Y_{sa}}{[\sigma_F]}} \cos^2\beta \text{mm}$$

其中 Y_{Fa} 为齿形系数,Y_{Sa} 为应力修正系数,$Z_V = \dfrac{Z}{\cos^3\beta}$ 为当量齿数。

11.9 直齿锥齿轮传动

轮齿上的作用力

轮齿上的作用力如图 11-2 所示,计算公式如表 11-3 所示。

表 11-3

	圆周力	径向力	轴向力
大小	$F_t = 2T_1/d_{m1}$	$F_r = F_t \tan\alpha\cos\delta$	$F_a = F_t \tan\alpha\sin\delta$
方向	主反从同	垂直指向齿轮轴线	小端指向大端

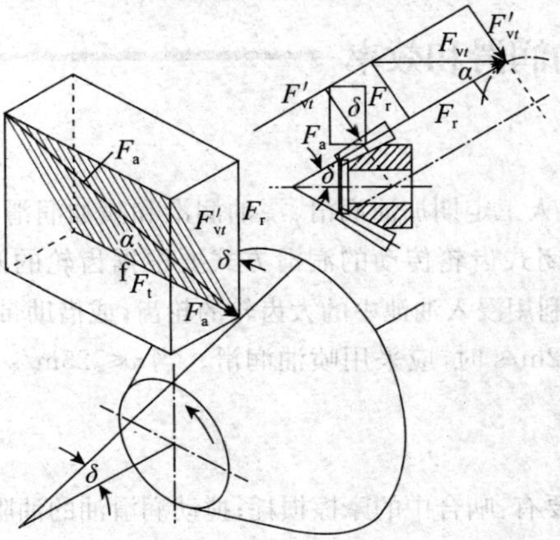

图 11-2　　(教材图 11-12)

强度计算

接触疲劳强度校核公式为

$$\sigma_H = 2.5Z_E = \sqrt{\frac{4KT_1}{0.85\phi_R(1-0.5\phi_R)^2 d_1^3 u}} \leqslant [\sigma_H]\text{MPa}$$

其中 $\phi_R = \dfrac{b}{R_e}$ 为齿宽系数，R_e 为锥距。

接触疲劳强度设计公式为

$$d_1 \geqslant 1.84\sqrt[3]{\frac{4KT_1}{0.85\phi_R(1-0.5\phi_R)^2 u}\left(\frac{Z_E}{[\sigma_H]}\right)^2}\ \text{mm}$$

弯曲疲劳强度计算公式为

$$\sigma_F = \frac{4KT_1 Y_{Fa} Y_{Sa}}{0.85\phi_R(1-0.5\phi_R)^2 Z_1^2 m^3 \sqrt{1+u^2}} \leqslant [\sigma_H]\text{MPa}$$

$$m \geqslant \sqrt[3]{\frac{4KT_1}{0.85\phi_R(1-0.5\phi_R)^2 Z_1^2 \sqrt{1+u^2}} \frac{Y_{Fa} Y_{Sa}}{[\sigma_H]}}\ \text{mm}$$

其中 m 为大端模数，Y_{Fa} 为齿形系数，Y_{Sa} 为齿根应力修正系数。

11.10 齿轮的构造

齿轮的结构有多种，主要有：齿轮轴、实心齿轮、腹板式齿轮、轮辐式齿轮和组合式齿轮。其结构设计如表 11-4 所示。

表 11-4

齿轮轴	实心齿轮	腹板式齿轮	轮辐式齿轮	组合式齿轮
$e<2m_t$	$e>2m_t, d_a\leqslant 160$mm	$d_a<500$mm	400mm$<d_a<$1000mm	轮毂与齿圈采用不同材料

11.11 齿轮传动的润滑和效率

齿轮传动的润滑

润滑的方法主要有三类：人工定期加油润滑、浸油润滑和喷油润滑。人工定期加润滑油或润滑脂常用于开式齿轮传动。而闭式齿轮传动的润滑方式要根据齿轮的圆周速度来定。当圆周速度 $v<12$m/s时，进行浸油润滑，利用浸入油池中的大齿轮的轮齿，或借助带油轮将油带到齿轮的啮合面进行润滑。当圆周速度 $v>12$m/s 时，应采用喷油润滑。当 $v\leqslant 25$m/s 时，喷嘴位于啮出侧；当 $v>25$m/s，喷嘴位于啮入侧。

齿轮传动的效率

齿轮传动的功率损耗主要有：啮合中的摩擦损耗；搅动润滑油的油阻损耗；轴承中的摩擦损耗。

11.12 圆弧齿轮传动简介

圆弧齿轮具有如下优点：

(1)齿面接触强度高，接触强度是渐开线直齿轮的1.5～2.5倍。

(2)齿廓形状对润滑有利，效率高。

(3)齿面容易跑合，跑合后接触面较大，而且在啮合过程中是滚动摩擦。

(4)无根切现象，齿数可较少。

主要缺点有：对中心距及切齿深度的精度要求较高；噪声较大；轮齿弯曲强度较低；切削同一模数的凸圆弧齿廓的凹圆弧齿廓需要不同的滚刀。

另外，圆弧齿轮必须设计成斜齿轮以使传动的总重合度大于1，保证圆弧齿轮能够连续传动。

习题全解

11-1 解题过程 由公式有

$$F_n=\frac{F_t}{\cos\alpha}=\frac{2T_1}{d_1\cos\alpha}=9.55\times10^6\ \frac{2}{d_1\cos\alpha}\frac{P}{n_1}$$

由于轮齿的二作应力不变，故有

$$F'_n=F_n$$

若 $n'_1=2n_1$，则有

$$P'=2P$$

11-2 解题过程 由如下公式

$$\sigma_H=335\sqrt{\frac{KT_1}{ba^2}\frac{u+1}{u}}\leqslant[\sigma_H]$$

可知抗疲劳点蚀允许的最大扭矩有

$$335\sqrt{\frac{KT_1}{ba^2}\frac{u+1}{u}}=[\sigma_H]$$

设提高后的转矩和许用应力分别为 T'_1，$[\sigma_H{}']$，则有

$$\frac{\sqrt{T_1{}'}}{\sqrt{T_1}}=\frac{[\sigma_H{}']}{[\sigma_H]}=1.3 \qquad T'_1=1.69T_1$$

即当转速不变时转矩可提高69%，又功率正比于 T，则功率也提高69%。

11-3 解题过程 闭式齿轮要校核其接触疲劳强度和弯曲疲劳强度。

$$u=\frac{z_2}{z_1}=\frac{73}{25}=2.92$$，查教材表11-3可取 $k=1.4$，$b=b_2=78\text{mm}$

则中心距为

$$a=m(z_1+z_2)/2=0.5\times4\times(25+73)=196\text{mm}$$

传递转矩为

$$T_1=9.55\times10^6\ \frac{p}{n}=9.55\times10^6\times\frac{4}{720}=53055.56\text{N}\cdot\text{mm}$$

则有齿面接触强度为

$$\sigma_H=335\sqrt{\frac{(u+1)^3KT_1}{uba^2}}=335\times\sqrt{\frac{(2.92+1)^3\times1.4\times53055.56}{2.92\times78\times196^2}}$$
$$=239.56\text{MPa}$$

查教材表 11-1 得，对小齿轮 45 钢调质，可取 $\sigma_{\text{Hlim1}}=550\text{MPa}$，硬度 220HBS；大齿轮 ZG310－570 正火，$\sigma_{\text{Hlim2}}=300\text{MPa}$，硬度为 180HBS，取 $\sigma_{\text{Hlim}}=\sigma_{\text{Hlim2}}=300\text{MPa}$。

查教材表 11-5 取 $S_{\text{H}}=1.05$ 则

$$[\sigma_{\text{H}}]=\frac{\sigma_{\text{Hlim}}}{S_H}=\frac{300}{1.05}=285.7\text{MPa}$$

故 $\sigma_{\text{H}}<[\sigma_{\text{H}}]$，即满足齿面接触强度要求

对于小齿轮查教材图 11-8 得 $Y_{Fa1}=2.73$，查教材表 11-1 可取 $\sigma_{FE1}=450\text{MPa}$，$S_F=1.35$

则 $$[\sigma_{F1}]=\frac{\sigma_{FE1}}{S_F}=\frac{450}{1.35}=333.3\text{MPa}$$

对于大齿轮查教材图 11-8 得 $Y_{Fa2}=2.26$，查教材表 11－1 可取 $\sigma_{FE2}=230\text{MPa}$，$S_F=1.35$

则 $$[\sigma_{F2}]=\frac{\sigma_{FE2}}{S_F}=\frac{230}{1.35}=170.3\text{MPa}$$

由 $$\sigma_{F1}=\frac{2kT_1Y_{F1}}{bm^2z_1}=\frac{2\times1.4\times53055.56\times2.73}{78\times4^2\times25}=13.0\text{MPa}<[\sigma_{F1}]$$

$$\sigma_{F2}=\frac{2kT_1Y_{F2}}{bm^2z_2}=\frac{2\times1.4\times53055.56\times2.26}{78\times4^2\times73}=3.69\text{MPa}<[\sigma_{F2}]$$

故满足齿轮弯曲要求。

11-4 解题过程 对小齿轮 45 号钢调质，查教材表 11-1 可得硬度 220HBS，取 $\sigma_{FE1}=450\text{MPa}$。

查教材图 11-8 可得 $Y_{Fa1}=2.87$，对大齿轮 45 号钢正火，取硬度 190HBS，$\sigma_{FE2}=350\text{MPa}$，$Y_{Fa2}=2.25$，查教材表 11-5 可取 $S_F=1.35$，考虑到磨损对齿厚的影响，应取系数 0.7，则

$$[\sigma_{F1}]=0.7\times\frac{\sigma_{FE1}}{S_F}=0.7\times\frac{450}{1.35}=233\text{MPa},\frac{Y_{Fa1}}{[\sigma F_1]}=\frac{2.87}{233}=0.0123$$

$$[\sigma_{F2}]=0.7\times\frac{\sigma_{FE2}}{S_F}=0.7\times\frac{350}{1.35}=182\text{MPa},\frac{Y_{Fa2}}{\sigma_{F2}}=\frac{2.25}{182}=0.0124$$

故 $$\frac{Y_F}{[\sigma_F]}=\max\left\{\frac{Y_{Fa1}}{[\sigma_{F1}]},\frac{Y_{Fa2}}{[\sigma_{F2}]}\right\}=0.0124$$

假设齿轮 9 级精度，查教材表 11-3 可取载荷系数 $K=1.1$，齿宽系数 $\phi_a=0.4$，小齿轮上的转矩为

$$T_1=0.955\times10^7\ \frac{p}{n}=9.55\times10^6\times\frac{3}{50}=573000\text{N}\cdot\text{mm}$$

$$z_1=21,z_2=iz_1=3.5\times21=74$$

则 $$m\geqslant\sqrt[3]{\frac{4KT_1Y_F}{\phi_a(u+1)z^2[\sigma_F]}}=\sqrt[3]{\frac{4\times1.1\times573000}{0.4\times(3.5+1)\times21^2}\times0.0124}=3.4\text{mm}$$

取 $m=4\text{mm}$，则 $d_1=z_1m=21\times4=84\text{mm}$，$d_2=z_2m=74\times4=296\text{mm}$

11-5 解题过程 设齿轮 9 级精度，查教材表 11-3 取载荷系数 $K=1.4$，齿宽系数 $\phi_a=0.4$，小齿轮上的转矩为

$$T_1=9.55\times10^6\ \frac{p}{n}=9.55\times10^6\times\frac{30}{730}=392465.8\text{mm}$$

$$z_1=27,z_2=iz_1=4.6\times27=124$$

$$Y_F=\max\{Y_{Fa1},Y_{Fa2}\}=Y_{Fa1}=2.65$$

查教材表 11-1 取$[\sigma_F]=710\text{MPa}$，则

$$m\geqslant\sqrt[3]{\frac{4KT_1Y_F}{\phi_a(u+1)z^2[\sigma_F]}}=\sqrt[3]{\frac{4\times1.4\times392465.8\times2.65}{0.4\times(4.6+1)\times27^2\times710}}=1.7\text{mm}$$

取 $m=2\text{mm}$，则 $d_1=z_1m=27\times2=54\text{mm}$，$d_2=z_2m=124\times2=248\text{mm}$

11-6 解题过程 z 与 z_v 之间的关系为

$$z_v=\frac{z}{\cos^3\beta}$$

(1)用齿数 z。

(2)用当量齿数 z_v 选盘形铣刀刀号。

(3)用齿数 z。

(4)用当量齿数 z_v 查取齿形系数。

11-7 解题过程 方向如题 11-7 解图所示。

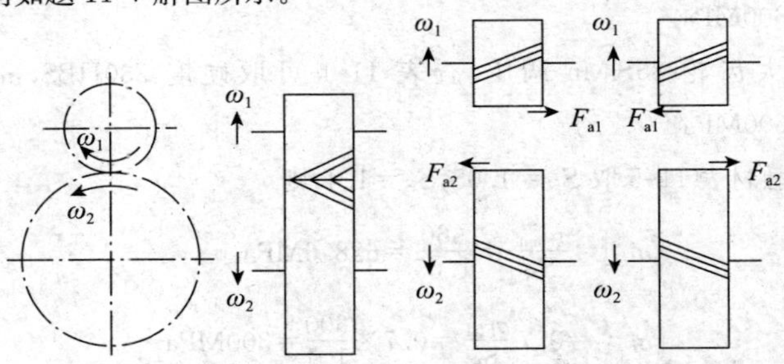

题 11-7 解图

11-8 解题过程 答案如题 11-8 解图所示。

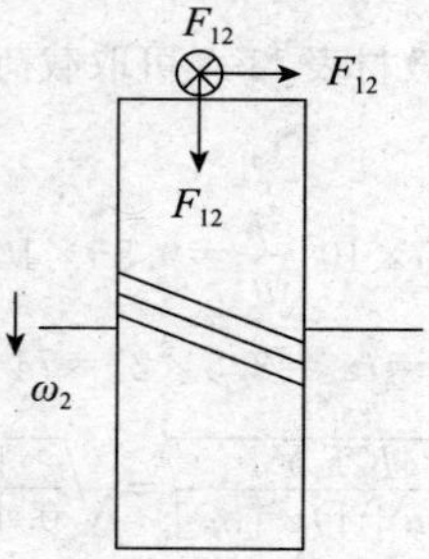

题 11-8 解图

11-9 解题过程 (1)若要使中间轴上两齿轮的轴向力方向相反，则低速级斜齿轮 3 的螺旋方向应与齿轮 2 的旋向同为左旋，而斜齿轮 4 的旋向应与齿轮 3 的旋向相反，为右旋。

(2)由分度圆直径

$$d=\frac{m_n z}{\cos\beta}$$

有轴向力为

$$F_a=\frac{2T_2}{d}\tan\beta=\frac{2T_2}{m_n z}\sin\beta$$

要使两轴向力相互抵消，则需

$$F_{a2}=F_{a3}$$

即

$$\frac{2T_2}{m_{n2} z_2}\sin\beta_2=\frac{2T_2}{m_{n2} z_3}\sin\beta$$

可得

$$\beta_3=\arcsin\frac{m_{n3} z_3}{m_{n2} z_2}\sin\beta_2=\arcsin\frac{5\times 17}{3\times 51}\sin 15°=8.3°=8°18'$$

11-10 解题过程 需要校核齿面接触强度和齿面弯曲强度。

对小齿轮 40MnB 调质，查表 11-1 可取硬度 260HBS，$\sigma_{\mathrm{Hlim1}}=690\mathrm{MPa}$，$\sigma_{FE1}=600\mathrm{MPa}$

对大齿轮 35SiMn 调质，查表 11-1 可取硬度 230HBS，$\sigma_{\mathrm{Hlim2}}=660\mathrm{MPa}$，$\sigma_{FE2}=600\mathrm{MPa}$

查教材表 11-5 取 $S_H=1.05$，$S_F=1.4$，则

$$[\sigma_H]=\frac{\sigma_{\mathrm{Hlim2}}}{S_H}=\frac{660}{1.05}=628.6\mathrm{MPa}$$

$$[\sigma_{F_1}]=0.7\frac{\sigma_{FE1}}{S_F}=0.7\times\frac{600}{1.4}=300\mathrm{MPa}$$

$$[\sigma_{F2}]=0.7\frac{\sigma_{FE2}}{S_F}=0.7\times\frac{600}{1.4}=300\text{MPa}$$

而 $u=\frac{z_2}{z_1}=\frac{107}{21}=5.1$，载荷系数 $K=1.1$，$b=b_2=80\text{mm}$

中心距为

$$a=m_n(z_1+z_2)/2\cos\beta=0.5\times3\times(21+107)/\cos16°15'=199.99\text{mm}$$

小齿轮传递转矩为

$$T_1=9.55\times10^6\ \frac{p}{n}=9.55\times10^6\times\frac{22}{1470}=142925.2\text{N}\cdot\text{mm}$$

则

$$\sigma_H=335\sqrt{\frac{(u+1)^3KT_1}{uba^2}}$$

$$=335\times\sqrt{\frac{(5.1+1)^3\times1-1\times142925.2}{5.1\times80\times200^2}}$$

$$=495.37\text{MPa}<[\sigma_H]$$

$$=628.6\text{MPa}$$

故满足强度要求。

齿轮当量齿数为

$$z_{v1}=\frac{z_1}{\cos^3\beta}=\frac{21}{\cos^3 16°15'}=23.7$$

$$z_{v2}=\frac{z_2}{\cos^3\beta}=\frac{107}{\cos^3 16°15'}=120.9$$

查教材图 11-8 可得 $Y_{Fa1}=2.75$，$Y_{Fa2}=2.20$，则

$$\sigma_{Fa1}=\frac{1.6KT_1Y_F}{bm^2z}\cos\beta=\frac{1.6\times1.1\times142925.2\times2.75}{80\times3^2\times21}\times\cos16°15'=43.9\text{MPa}$$

$$\sigma_{Fa2}=\frac{Y_{Fa2}}{Y_{Fa1}}\sigma_{Fa1}=\frac{2.2}{2.75}\times43.9=35.1\text{MPa}$$

故 $\sigma_{Fa1}<[\sigma_{F1}]$，$\sigma_{Fa2}<[\sigma_{F2}]$

满足弯曲强度条件。

11-11 解题过程 按齿面接触疲劳强度计算设计，然后校核其弯曲强度。

对小齿轮 45MnB 调质，查教材表 11-1 可取硬度为 260HBS，$\sigma_{\text{Hlim1}}=690\text{MPa}$，$\sigma_{FE1}=600\text{MPa}$

对大齿轮 45 号钢调质，查教材表 11-1 可取硬度为 220HBS，$\sigma_{\text{Hlim2}}=560\text{MPa}$，$\sigma_{FE2}=450\text{MPa}$

查教材表 11-5 取 $S_H=1.1$，$S_F=1.4$，则

$$[\sigma_H]=\frac{\sigma_{\text{Hlim2}}}{S_H}=\frac{560}{1.1}=509.1\text{MPa}$$

$$[\sigma F1]=0.7\frac{\sigma_{FE1}}{S_F}=0.7\times\frac{600}{1.4}=300\text{MPa}$$

$$[\sigma_{F2}]=0.7\frac{\sigma_{FE2}}{S_F}=0.7\times\frac{450}{1.4}=22.5\text{MPa}$$

假设齿轮 8 级精度，取 $K=1.4$，$\phi_a=0.4$

小齿轮上转矩为

$$T_1=9.55\times10^6\ \frac{p}{n}=9.55\times10^6\times\frac{10}{1210}=78925.6\text{N·mm}$$

初选 $\beta=15°$，则

$$a\geqslant(u+1)\sqrt[3]{\left(\frac{335}{[\sigma_H]}\right)^2\frac{KT}{\phi_a u}}=(4.3+1)\times\sqrt[3]{\left(\frac{335}{509.1}\right)^2\times\frac{1.4\times78925.6}{0.4\times4.3}}$$

$$=160.586\text{mm}$$

取 $z_1=21$，$z_2=uz_1=4.3\times21\approx90$，则实际传动比为 $i=\frac{90}{21}=4.29$

模数 $$m_n=\frac{2a\cos\beta}{(z_1+z_2)}=\frac{2\times160.586\times\cos15°}{21+90}=2.79\text{mm}$$

取 $m_n=3\text{mm}$，则中心距为

$$a=\frac{m_n(z_1+z_2)}{2\cos\beta}=\frac{3\times(21+90)}{2\times\cos15°}=172.37\text{mm}$$

取 $a=170\text{mm}$，则

$$\beta=\arccos\frac{m_n(z_1+z_2)}{2a}=\arccos\frac{3\times(21+90)}{2\times170}=11°39'(11.65°)$$

齿宽为 $b=\phi_a a=0.4\times170=68\text{mm}$

取 $b_2=68\text{mm}$，$b_1=75\text{mm}$

齿轮当量齿数为

$$z_{v1}=\frac{z_1}{\cos^3\beta}=\frac{21}{\cos^3 11.65°}=22.35$$

$$z_{v2}=\frac{z_2}{\cos^3\beta}=\frac{90}{\cos^3 11.65°}=95.80$$

查教材图 11-9 可得 $Y_{Fa1}=2.82$，$Y_{Fa2}=2.21$

$$\sigma_{F1}=\frac{1.6KT_1Y_{Fa1}}{bm^2z_1}\cos\beta=\frac{1.6\times1.4\times2.75\times78925.6\times2.82}{68\times3^2\times21}\times\cos11.65°$$

$$=34.87\text{MPa}$$

$$\sigma_{F2}=\frac{Y_{Fa2}}{Y_{Fa1}}\sigma_{F1}=\frac{2.21}{2.82}\times34.87=27.32\text{MPa}$$

因 $\sigma_{F1}<[\sigma_{F1}]$，$\sigma_{F2}<[\sigma_{F2}]$，故满足齿轮弯曲要求。

齿轮圆周速度为

$$v=\frac{\pi d_1n_1}{60\times100}=\frac{\pi\times3\times21\times1210}{60\times100\times\cos11.65°}=4.08\text{m/s}$$

故选 8 级精度合适。

11-12 解题过程 高速级传动比为

$$i_{12}=\frac{z_2}{z_1}=\frac{51}{17}=3$$

低速级传动比为

$$i_{34}=\frac{z_4}{z_3}=\frac{42}{17}=2.47$$

则输入轴转矩为

$$T_i=9.95\times10^6\ \frac{P}{n_1}=9.55\times10^6\times\frac{7.5}{1450}=49397\text{N}\cdot\text{mm}$$

中间轴转矩为

$$T_2=T_1 i_{12}\eta=49397\times3\times0.98=145228\text{N}\cdot\text{mm}$$

输出轴转矩为

$$T_3=T_1 i_{12} i_{34}\eta_1\eta_2=49397\times3\times2.47\times0.98\times0.97=347950\text{N}\cdot\text{mm}$$

11-13 解题过程 由大小齿轮 40Cr 表面淬火，查教材表 11-1 可取

$$\sigma_{\text{Hlim1}}=\sigma_{\text{Hlim2}}=1210\text{MPa},\sigma_{FE1}=\sigma_{FE2}=720\text{MPa}$$

取 $S_H=1.1$，$S_F=1.5$ 则有

$$[\sigma_H]=\frac{\sigma_{\text{Hlim2}}}{S_H}=\frac{1210\text{MPa}}{1.1}=1100\text{MPa}$$

$$[\sigma_F]=\frac{\sigma_{FE1}}{S_F}=\frac{720}{1.5}=480\text{MPa}$$

$u=i=2.7$，取 $K=1.4$，$\phi_a=0.3$

小齿轮传递转矩为

$$T_1=9.55\times10^6\ \frac{P}{n_1}=9.55\times10^6\times\frac{7.5}{840}=85268\text{N}\cdot\text{mm}$$

$$\delta_2=\arctan\left(\frac{z_2}{z_1}\right)=\arctan2.7=69.68^\circ$$

$$\delta_1=90-\delta_2=20.32^\circ$$

则齿轮当量齿数为

$$z_{v1}=\frac{z_1}{\cos\delta_1}=\frac{16}{\cos20.32^\circ}=17.1$$

$$z_{v2}=\frac{z_2}{\cos\delta_2}=\frac{2.7\times16}{\cos69.68^\circ}=124.4$$

而 $Y_{Fa}=\max\{Y_{Fa1},Y_{Fa2}\}=Y_{Fa1}=3.08$

$Y_{Sa}=\max\{Y_{Sa1},Y_{Sa2}\}=Y_{Sa2}=1.81$

则有

$$m\geqslant\sqrt[3]{\frac{4KT_1}{\phi_R z_1^2(1-0.5\phi_R)^2\ \sqrt{u^2+1}}\cdot\frac{Y_{Fa}\cdot Y_{Sa}}{[\delta_F]}}$$

$$=\sqrt[3]{\frac{4\times1.4\times85268\times3.08\times1.81}{a3\times16^2\times(1-0.5\times0.3)^2\times\sqrt{2.7^2+1}\times480}}=2.29\text{mm}$$

取 $m_e=3$mm

则 $d_1=m_e z_1=3\times16=48$mm，$d_2=m_e z_2=3\times43=129$mm

由于 $\sigma_H=\frac{335}{R_e-0.5b}\sqrt{\frac{(u^2+1)^{\frac{3}{2}}KT_1}{ub}}$

$$=\frac{335}{68.85-0.5\times22}\times\sqrt{\frac{(2.7^3+1)^{\frac{3}{2}}\times1.4\times85268}{2.7\times22}}$$

$$=1213.8\text{MPa}>[\delta_H]$$

不能满足要求，改取 $m_e=4$mm，$d_1=64$mm，$d_2=172$mm，$R_e=91.8$mm，$b=28$mm，则 $\delta_H=835.9\text{MPa}<[\delta_H]$，满足要求。

齿轮圆周速度为

$$v=\frac{\pi d_1 n_1}{60\times1000}=\frac{\pi\times64\times840}{60\times1000}=2.81\text{m/s}$$

故选 9 级精度合适。

11-14 解题过程 对小齿轮 45 钢调质，查教材表 11-1 可取硬度为 220HBS，$\sigma_{FE1}=450$MPa，对大齿轮 ZG310－570 正火，查教材表 11-1 可取硬度为 180HBS，$\sigma_{FE2}=230$MPa。

由于开式直齿圆锥齿轮传动的主要失效形式为齿面磨损，故需校核其弯曲强度。

查教材表11-5取 $S_F=1.4$，则

$$[\sigma_{F1}]=0.7\frac{\delta_{FE1}}{S_F}=0.7\times\frac{450}{1.4}=225\text{MPa}$$

$$[\sigma_{F2}]=0.7\frac{\delta_{FE2}}{S_F}=0.7\times\frac{230}{1.4}=115\text{MPa}$$

取 $K=1.1$，$z_1=26$，$b=90$mm，则

小齿轮上的转矩为

$$T_1=9.55\times10^6\frac{p}{n_1}=9.55\times10^6\times\frac{1.9}{10}=1814500\text{N}\cdot\text{mm}$$

锥距为 $R_e=\frac{m_e}{2}\sqrt{z_1^2+z_2^2}=0.5\times8\times\sqrt{26^2+83^2}=347.91$mm

则平均模数为

$$m_m=m_e(1-0.5\phi_R)=8\times\left(1-0.5\times\frac{90}{347.9}\right)=6.965\text{mm}$$

$$\sigma_2=\arctan\frac{z_2}{z_1}=\arctan\frac{83}{26}=72.6°$$

则 $\sigma_1=90°-\delta_2=17.4°$

则齿轮当量齿数为

$$z_{v1}=\frac{z_1}{\cos\delta_1}=\frac{2.6}{\cos 17.4^\circ}=27.2$$

$$z_{v2}=\frac{z_1}{\cos\delta_2}=\frac{83}{\cos 72.6^\circ}=277.6$$

查表可知：$Y_{Fa1}=2.67\quad Y_{Fa2}=2.14$，则

$$\sigma_{F1}=\frac{2KTY_{Fa1}}{bm_m^2 z_1}=\frac{2\times 1.1\times 1814500\times 2.67}{90\times 6.965^2\times 26}=93.9\text{MPa}$$

$$\sigma_{F2}=\frac{Y_{Fa2}}{Y_{Fa1}}\delta_{F1}=\frac{2.14}{2.67}\times 93.9=75.3\text{MPa}$$

因 $\delta_{F1}<[\delta_{F1}]$，$\delta_{F2}<[\delta_{F2}]$，故满足齿轮弯度要求

11-15 解题过程 对于圆锥齿轮 2 有：

分度圆直径

$$d_2=m_B z_2=5\times 60=300\text{mm}$$

分度圆锥角

$$\delta_2=\arctan\frac{z_2}{z_1}=\arctan\frac{60}{25}=67.38$$

则平均直径为

$$d_{m2}=d_2-b\sin\delta_2=300-50\sin 67.38^\circ=254\text{mm}$$

则轴向力为

$$F_{a2}=\frac{2T_2}{d_{m2}}\tan\alpha\sin\delta_2=\frac{2T_2}{254}\tan 20^\circ\sin 67.38^\circ$$

对于斜齿轮 3 有：

分度圆直径

$$d_3=\frac{m_n z_3}{\cos\beta}=\frac{6\times 21}{\cos\beta}=\frac{126}{\cos\beta}$$

轴向力

$$F_{a3}=\frac{2T_2}{d_3}\tan\beta=\frac{2T_2}{126}\sin\beta$$

要轴向力相互抵消，则需

$F_{a2}=F_{a3}$，即

$$\frac{2T_2}{254}\tan 20^\circ\sin 67.38^\circ=\frac{2T_2}{126}\sin\beta$$

则

$$\sin\beta=\frac{126\times\tan 20^\circ\times\sin 67.38^\circ}{254}=0.166$$

故 $\beta=9.57^\circ$，斜齿轮 3 为右旋。

11-16 解题过程 答案如题 11-16 解图所示。

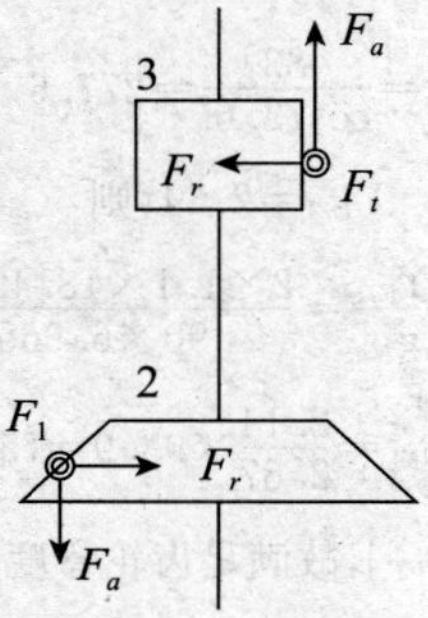

题 11-16 解图

第十二章 蜗杆传动

本章知识要点

(1)圆柱蜗杆传动的特点及正确啮合条件。

(2)圆柱蜗杆传动的几何尺寸计算。

(3)圆柱蜗杆传动的受力分析、强度计算。

(4)圆柱蜗杆传动的热平衡计算。

知识点归纳

12.1 蜗杆传动的特点和类型

蜗杆传动由蜗杆和蜗轮组成，用于传递交错轴之间的回转运动，通常两轴交错角为90°。

蜗杆传动的主要特点是：传动比大；结构紧凑、传动平稳且噪声较小；可具有自锁性。

蜗杆传动的主要缺点是：机械效率较低，磨损大，成本较高(蜗轮常用耐磨材料，如锡青铜)。

蜗杆传动按形状分类如下：

- 类型
  - 圆柱蜗杆传动
    - 普通圆柱蜗杆传动
      - 阿基米德蜗杆
      - 渐开线蜗杆
      - 法向直廓蜗杆
    - 圆弧圆柱蜗杆传动
  - 环面蜗杆传动

另外，和螺纹一样，蜗杆有左、右旋之分，常用的是右旋蜗杆。

12.2 圆柱蜗杆传动的主要参数和几何尺寸

通过蜗杆轴线并垂直于蜗轮轴线的平面，称为中间平面。蜗杆传动的设计计算都是以中间平面的参数和几何关系为准。

圆柱蜗杆传动的主要参数

1. 模数 m 和压力角 α

蜗杆正确啮合的条件是：蜗杆轴向模数 m_{a1} 和轴向压力角 α_{a1} 分别等于蜗轮端面模数 m_{t2} 和端面压力角 α_{t2}，即 $m_{a1}=m_{t2}$，$\alpha_{a1}=\alpha_{t2}$，且蜗杆分度圆柱上的导程角 γ 应等于蜗轮螺旋角 β，两者旋向相同，即 $\gamma=\beta$（考虑的是最常见的两轴交错角为 90°的蜗杆传动）。

2. 传动比 i、蜗杆头数 z_1 和蜗轮齿数 z_2

蜗杆传动的传动比计算公式为

$$i=n_1/n_2=z_2/z_1$$

3. 蜗杆直径系数 q 和导程角 γ

蜗杆直径系数定义为

$$q=d_1/m$$

其中，d_1 为蜗杆分度圆直径，这样就有

$$\tan\gamma=mz_1/d_1=z_2/q$$

从上式可以看出，导程角 γ 越大，蜗杆传动的效率越高。

4. 齿面间滑动速度

齿面间滑动速度计算式为

$$v_s=v_1/\cos\gamma$$

其中，v_1 为蜗杆圆周速度。

5. 中心距 a

当蜗杆节圆和分度节圆重合时称为标准传动，其中心距按下式计算

$$a=(d_1+d_2)/2=m(q+z_2)/2$$

圆柱蜗杆传动的几何尺寸计算

在设计蜗杆传动时，一般的做法是，先根据传动的功用和传动比要求选择蜗杆头数和蜗轮齿数，然后再按强度计算确定出中心距和模数，最后按表 12-1 计算几何尺寸。

表 12-1

名称	计算公式	
	蜗杆	蜗轮
蜗杆分度圆直径，蜗轮分度圆直径	$d_1=mq$	$d_2=mz_2$
齿顶高	$h_a=m$	$h_a=m$
齿根高	$h_f=1.2m$	$h_f=1.2m$
蜗杆齿顶圆直径，蜗轮喉圆直径	$d_{a1}=m(q+2)$	$d_{a2}=m(z_2+2)$
齿根圆直径	$d_{f1}=m(q-2.4)$	$d_{f2}=m(z_2-2.4)$
蜗杆轴向齿距，蜗轮端面齿距	$P_{a1}=P_{t2}=P_x=\pi m$	
径向间隙	$c=0.20m$	
中心距	$a=0.5(d_1+d_2)=0.5m(q+z_2)$	

注：蜗杆传动中心距标准系列为：40、50、63、80、100、125、160、(180)、200、(225)、250、(280)、315、(355)、400、(450)、500。（教材表 12-3）

12.3 蜗杆传动的失效形式、材料和结构

蜗杆传动的失效形式及材料选择

蜗杆传动的主要失效形式有胶合、点蚀和磨损。其中闭式传动的主要失效形式为点蚀与胶合；开式传动和润滑条件不好的闭式传动主要失效形式为磨损。

由于蜗杆传动具有相对滑动速度大、磨损大的特点，因而所选的材料要有足够的强度和良好的减磨性及抗胶合性。

在选取材料时可以根据相对滑动速度进行，如表 12-2 所示。

表 12-2

高速重载	低速重载	低速轻载
蜗杆用合金钢，淬火，磨削；蜗轮用锡青铜	蜗杆用 45 钢，调质；蜗轮用铝青铜	蜗杆用碳钢，不热处理；铸铁；蜗轮用铸铁

蜗杆与蜗轮的结构

(1)蜗杆。绝大多数和轴制成一体，称为蜗杆轴。

(2)蜗轮。可以做成整体的，但对大尺寸的蜗轮，为了节约贵重的有色金属，常用组合式，齿圈用贵重金属，轮芯用钢或灰铸铁制成，两者通过过盈连接或铰制孔螺栓连接。

12.4 圆柱蜗杆传动的受力分析

蜗杆传动的受力分析和斜齿轮相似，齿面上的法向力 F_n 可以分解为三个互相垂直的分力，即圆周力 F_t、轴向力 F_a 和径向力 F_r。这三个力的大小及方向如表 12-3 所示。

表 12-3

大小	方向	
$F_{t1}=F_{a2}=\frac{2T_1}{d_1}$	F_{t1} 与蜗杆转向相反	其中：$T_1=\frac{T_2}{i\eta}$
$F_{a1}=F_{t2}=\frac{2T_2}{d_2}$	F_{t2} 与蜗杆转向相同	
$F_{r_1}=F_{r_2}=F_{a1}\tan\alpha$	F_{r_1}、F_{r_2} 指向各自轴心	

注意：两构件的圆周力与轴向力相互交错，互为作用力与反作用力。

12.5 圆柱蜗杆传动的强度计算

蜗轮齿面疲劳接触强度计算

蜗轮齿面接触疲劳强度校核公式如下

$$\sigma_H=Z_E Z_\rho\sqrt{\frac{K_A T_2}{a^3}}\leqslant[\sigma_H]$$

接触疲劳强度设计公式如下

$$a\geqslant\sqrt[3]{K_A T_2\left(\frac{Z_E Z_\rho}{[\sigma_H]}\right)^2}$$

其中，Z_E 为综合弹性系数：钢对锡青铜，$Z_E=150$；钢对铝青铜或铸铁，$Z_E=160$。Z_ρ 为接触系数：在 $d_1/a=0.3\sim0.5$ 之间查取。K_A 为使用系数：$K_A=1.1\sim1.4$。

计算出中心距 a 后可以按下式计算其他参数

$$d_1\approx0.68a^{0.875}$$

$$m=\frac{2a-d_1}{z_2}$$

蜗轮齿根弯曲疲劳强度计算

蜗轮齿形较复杂，难于精确计算，一般参照斜齿轮近似计算，强度校核公式如下

$$\sigma_F=\frac{1.53K_A T_2}{d_1 d_2 m\cos\gamma}Y_{Fa2}\leqslant[\sigma_F]$$

设计公式为

$$m^2 d_1\geqslant\frac{1.53K_A T_2}{z_2\cos\gamma[\sigma_F]}Y_{Fa2}$$

其中，Y_{Fa2} 为齿形系数，由当量齿数查取，$z_v=\dfrac{z_1}{\cos^3\gamma}$。

蜗杆刚度计算

蜗杆细长，支承跨距较大，如果受力后产生的挠度过大，会影响正常啮合传动。蜗杆产生的挠度应小于许用挠度。

由切向力 Y_{t1} 和径向力 Y_{r_1} 产生的挠度分别为

$$Y_{t1}=\frac{F_{t1}l^3}{48EI},Y_{r_1}=\frac{F_{r_1}l^3}{48EI}$$

合成总挠度为

$$Y=\sqrt{Y_{r_1}^2+Y_{t1}^2}\leqslant[Y]$$

其中，E 为蜗杆材料弹性模量，I 为蜗杆危险截面惯性矩，l 为蜗杆指点跨距。

12.6 圆柱蜗杆传动的效率和热平衡计算

蜗杆传动的效率

闭式蜗杆传动的效率包含三个部分：轮齿啮合的效率 η_1、轴承效率 η_2 和考虑搅动润滑油阻力的效率 η_3。其中 $\eta_2\eta_3=0.95\sim0.97$，$\eta_1=\tan\gamma/\tan(\gamma+\rho')$。

总效率为

$$\eta=\eta_1\eta_2\eta_3=(0.95\sim0.97)\frac{\tan\gamma}{\tan(\gamma+\rho')}$$

其中，ρ' 为当量摩擦角，$\rho'=\arctan f'$，f' 为当量摩擦系数。

蜗杆传动的热平衡计算

由于蜗杆传动效率低、发热量大，若不及时散热，会引起箱体内油温升高、润滑失效，导致轮齿磨损加剧，甚至出现胶合。因此对连续工作的闭式蜗杆传动要进行热平衡计算。

在闭式传动中，要求箱体内的油温和周围空气温度之差不超过允许值

$$\Delta t=t-t_0=\frac{1000P_1(1-\eta)}{\alpha_t\cdot A}\leqslant 60\sim70℃$$

其中，Δt 为温度差；P_1 为蜗杆传递的功率；α_t 为表面散热系数；A 为散热面积。

改善散热的措施主要有以下两种：

(1)增加散热面积。合理设计箱体结构，铸出或焊上散热片。

(2)提高表面传热系数。在蜗杆轴上装置风扇，或在箱体油池内装设蛇形冷却管。

习题全解

12-1 解题过程 蜗杆和蜗轮相关几何尺寸计算如下：

蜗轮的分度圆直径为

$$d_2 = mz_2 = 4\times 39 = 156\text{mm}$$

蜗轮喉圆直径为

$$d_{a2} = m(z_2+2) = 4\times(39+2) = 164\text{mm}$$

蜗轮齿根圆直径为

$$d_{f2} = m(z_2-2.4) = 4\times(39-2.4) = 146.4\text{mm}$$

蜗杆齿顶圆直径为

$$d_{a1} = m(q+2) = 4\times(10+2) = 48\text{mm}$$

蜗杆齿根圆直径为

$$d_{f1} = m(q-2.4) = 4\times(10-2.4) = 30.4\text{mm}$$

蜗轮和蜗杆的齿顶高为

$$h_a = m = 4\text{mm}$$

蜗轮和蜗杆的齿根高为

$$hf = 1.2\text{m} = 1.2\times 4 = 4.8\text{mm}$$

蜗杆轴向齿距和蜗轮端面齿距为

$$p_{a1} = p_{t2} = px = \pi m = 3.14\times 4 = 12.56\text{mm}$$

径向间隙为

$$c = 0.20\text{m} = 0.20\times 4 = 0.80\text{mm}$$

12-2 **解题过程** 题 12-2 解图所示是一个左旋蜗杆，用右手握杆，四指 ω_1，大拇指 ω_2，从主视图上看，蜗轮顺时针旋转。

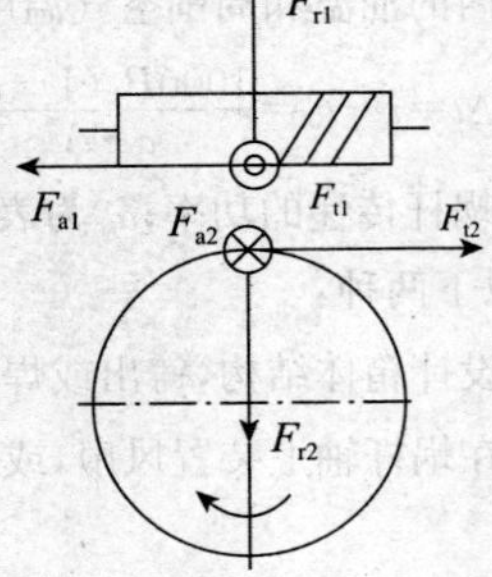

题 12-2 解图

蜗轮上的转矩为

$$T_2 = T_1 i\eta = T_1 \eta z_2/z_1 = 20\times 0.75\times 50/2 = 375\text{N}\cdot\text{m}$$

蜗杆的圆周力与蜗轮的轴向力大小相等，方向相反，值为

$$F_{t1}=F_{a2}=2T_1/d_1=2\times20/(50\times10^{-3})=800\text{N}$$

蜗杆的轴向力与蜗轮的圆周力大小相等，方向相反，值为

$$F_{t2}=F_{a1}=2T_2/d_2=2\times375/(4\times50\times10^{-3})=3750\text{N}$$

蜗杆的径向力与蜗轮的径向力大小相等，方向相反，值为

$$F_{r_1}=F_{r_2}=F_{r_2}\tan\alpha=3750\times\tan2°=1364.89\text{N}$$

各力的方向如题 12-2 解图所示。

12-3 解题过程 由于圆锥齿轮 3 的轴向力指向圆锥的大端，要求中间轴上的轴向力相互抵消，故蜗轮的轴向力应该向右，进而蜗杆的圆周力方向向左，蜗杆顺时针旋转；再由圆锥齿轮 3 的转向可知，蜗轮的圆周力垂直纸面向外，则蜗杆的轴向力垂直纸面向里，由蜗杆的转向和蜗杆轴向力的方向可知，蜗杆传动的螺旋线方向为右旋。

12-4 解题过程 已知蜗杆材料为 40Cr，表面淬火；蜗轮材料为 ZCuSn10Pb1 锡青铜，估计 HRC＞45，$v<12\text{m/s}$，则根据教材表 12-4 得许用应力为

$$[\sigma_H]=200\text{MPa}$$

传动比为

$$i=n_1/n_2=1440/80=18$$

查教材中表 12-2，选 $z_1=2$，则蜗杆头数为

$$z_2=iz_1=18\times2=36$$

取 $K=1.2$，传动效率为 $\eta=0.80$，则蜗轮轴的转矩为

$$KT_2=9.55\times10^6KP_{1n/n2}$$
$$=9.55\times10^6\times1.2\times7\times0.80/80=8.022\times10^5\text{N}\cdot\text{mm}$$

按齿面接触强度计算有

$$m^2d_1\geqslant\left(\frac{500}{z_2[\sigma_H]}\right)^2KT_2=\left(\frac{500}{36\times200}\right)^2\times8.022\times10^5=3868.6$$

由教材中表 12-1 查得，$z_1=2$，$m^2d_1=5120$，$m=8\text{mm}$，$d_1=80\text{mm}$，$q=10$

中心距为

$$a=0.5m(q+z_2)=0.5\times8(10+36)=184\text{mm}$$

蜗轮的分度圆直径为

$$d_2=mz_2=8\times36=288\text{mm}$$

蜗轮喉圆直径为

$$d_{a2}=m(z_2+2)=8\times(36+2)=304\text{mm}$$

蜗轮齿根圆直径为

$$d_{f2}=m(z_2-2.4)=8\times(36-2.4)=268.8\text{mm}$$

蜗杆齿顶圆直径为

$$d_{a1}=m(q+2)=8\times(10+2)=96\text{mm}$$

蜗杆齿根圆直径为

$$d_{f1}=m(q-2.4)=8\times(10-2.4)=60.8\text{mm}$$

蜗轮和蜗杆的齿顶高为

$$h_a=m=8\text{mm}$$

蜗轮和蜗杆的齿根高为

$$h_f=1.2m=1.2\times 8=9.6\text{mm}$$

蜗杆轴向齿距和蜗轮端面齿距为

$$p_{a1}=p_{t2}=px=\pi m=3.14\times 8=25.12\text{mm}$$

径向间隙为

$$c=0.20m=0.20\times 8=1.6\text{mm}$$

由

$$v_1=\frac{\pi d_1 n_1}{60\times 1000}=\frac{3.14\times 80\times 1440}{60\times 1000}=6.0288\text{m/s}$$

$$\gamma=\arctan\frac{z_1}{q}=\arctan\frac{2}{10}=11.3099^\circ$$

则滑动速度为

$$v_s=\frac{v_1}{\cos\gamma}=\frac{6.0288}{\cos 11.3099^\circ}=6.1482\text{m/s}$$

符合 $v_s\leqslant 12\text{m/s}$。

12-5 解题过程 假定每年有 300 个工作日，则五年中功率损耗的费用为

$$P_1(1-\eta)\times 300\times 3\times 8\times 5a=100\times(1-0.8)\times 300\times 24\times 5a$$

$$=7.2a\times 10^5\ \text{元。}$$

12-6 解题过程 (1)重物上升 1m 时卷筒转的圈数为

$$1/(\pi D)=1/(3.14\times 0.2)=1.59r$$

因卷筒和蜗轮相联，亦即蜗轮转的圈数为 1.59 圈，因此蜗杆转的转数为

$$1.59i=1.59z_2/z_1=1.59\times 40/1=63.6r$$

(2)导程角为

$$\gamma=\arctan\frac{z_1 m}{d_1}=\arctan\frac{1\times 8}{80}=5.71^\circ$$

而当量摩擦角为

$$\rho'=\arctan f'=\arctan 0.18=10.2^\circ$$

因 $\rho'>\gamma$,所以该机构能自锁。

(3)输出功为

$$W_1=Gh=5000\times=5000\text{J}$$

由题意知,摩擦损耗就是蜗轮蜗杆啮合损耗,则啮合时的传动效率为

$$\eta=\frac{\tan\gamma}{\tan(\gamma+\rho')}=\frac{\tan 5.71^\circ}{\tan(5.71^\circ+10.2^\circ)}=0.3508$$

则输入功应为

$$W=W_1/\eta=5000/0.3508=14253.14\text{J}$$

又蜗杆转了 63.6 转,因此有

$$W=63.6\times 2\pi Fl=14253.14$$

可得手柄长度为

$$l=14253.14/(63.6\times 100\times 2\times 3.14)=356.9\text{mm}$$

12-7 解题过程 蜗轮的分度圆直径为

$$d_2=mz_2=10\times 42=420\text{mm}$$

蜗轮喉圆直径为

$$d_{a2}=m(z_2+2)=10\times(42+2)=440\text{mm}$$

蜗轮齿根圆直径为

$$d_{f2}=m(z_2-2.4)=10\times(42-2.4)=396\text{mm}$$

蜗杆齿顶圆直径为

$$d_{a1}=m(q+2)=10\times(9+2)=110\text{mm}$$

蜗杆齿根圆直径为

$$d_{f1}=m(q-2.4)=10\times(9-2.4)=66\text{mm}$$

蜗轮和蜗杆的齿顶高为

$$h_a=m=10\text{mm}$$

蜗轮和蜗杆的齿根高为

$$h_f=1.2m=1.2\times 10=12\text{mm}$$

蜗杆轴向齿距和蜗轮端面齿距为

$$p_{a1}=p_{t2}=p_x=\pi m=3.14\times 10=31.4\text{mm}$$

径向间隙为

$$c=0.20m=0.20\times 10=2\text{mm}$$

12-8 解题过程 取 $\sigma_t=14\text{W}/(\text{m}^2\cdot℃)\eta=0.8$，则有

$$\Delta t=\frac{1000P_1(1-\eta)}{\alpha_t A}=\frac{1000\times 3\times(1-0.8)}{14\times 1}$$

$$=42.86℃<[\Delta t]=60\sim 70℃$$

油温为

$$t=t_0+\Delta t=20+42.86=62.86℃$$

小于 90℃，满足使用要求。

12-9 解题过程 略，见 12-4 解。

第十三章

带传动和链传动

本章知识要点

(1)带、链传动的基本类型、特点、工作原理、应用场合、布置、张紧和维护等基本概念。

(2)摩擦带传动的特点。

(3)带传动受力分析、应力分析、弹性滑动与打滑。

(4)滚子链标准及结构特点。

(5)链传动的受力分析和运动分析。

(6)带、链传动的失效形式和设计准则。

(7)带、链传动的主要参数及其选择。

知识点归纳

13.1 带传动的类型和应用

带传动由主动轮、从动轮和传动带组成。其传动原理分为摩擦型和啮合型，摩擦型传动是靠带和带轮间的摩擦力传递运动和动力；啮合型带传动是靠带上的齿和带轮上的齿相互啮合传递运动和动力，也称为同步带传动。

带传动按原理可以分为摩擦型和啮合型；按横截面形状分为平带传动、V 带传动和特殊截面带传动；按带的布置分为开口传动、交叉传动和半交叉传动。

如图 13-1 所示，带传动的参数按以下方法进行：

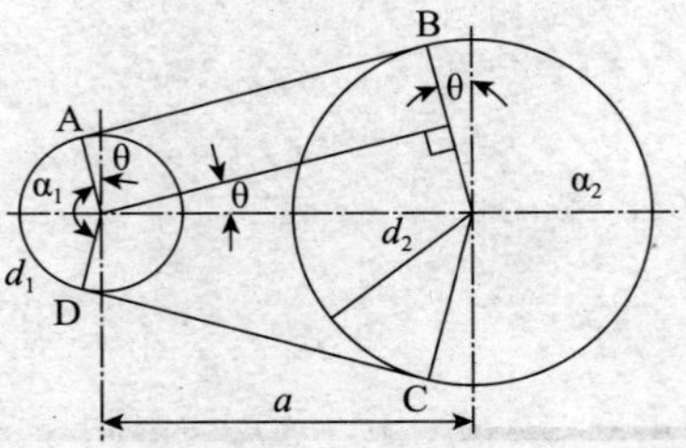

图 13-1

包角 α　　$\alpha=\pi\pm 2\theta$

因 θ 较小，以　　$\theta\approx\sin\theta=\dfrac{d_2-d_1}{2a}$

代入得　　$\alpha=\pi\pm\dfrac{d_2-d_1}{a}\quad(rad)$

即　　$\alpha=180^\circ\pm\dfrac{d_2-d_1}{a}\times 57.3^\circ$

带长　　$L=2\,AB+\widehat{BC}+\widehat{AD}$

$$=2a\cos\theta+\frac{d_2}{2}(\pi+2\theta)+\frac{d_1}{2}(\pi-2\theta)$$

$$=2a\cos\theta+\frac{\pi}{2}(d_1+d_2)+\theta(d_2-d_1)$$

以　　$\cos\theta=\sqrt{1-\sin^2\theta}\approx 1-\dfrac{1}{2}\theta^2$ 及 $\theta\approx\dfrac{d_2-d_1}{2a}$

代入得

带长　　$L\approx 2a+\dfrac{\pi}{2}(d_1+d_2)+\dfrac{(d_2-d_1)^2}{4a}$

已知带长时，由上式可得中心距

$$a\approx\frac{2L-\pi(d_1+d_2)+\sqrt{[2L-\pi(d_1+d_2)]^2-8(d_2-d_1)^2}}{8}$$

带传动具有以下优点：

(1)适用于中心距较大的传动。

(2)可缓和冲击，吸收振动。

(3)打滑可防止损坏其他零件。

(4)结构简单、成本低廉。

同时也存在以下缺点：

(1)传动的外廓尺寸较大。

(2)需要张紧装置。

(3)传动比不固定。

(4)带的寿命较短。

(5)传动效率较低。

■13.2 带传动的受力分析

正常工作时，初拉力 F_0、紧边拉力 F_1、松边拉力 F_2 应满足

$$F_0=(F_1+F_2)/2$$

称 F_1-F_2 为有效拉力，即带所能传递的圆周力

$$F=F_1-F_2$$

且传递功率与圆周力和带速之间有如下关系为

$$P(\mathrm{kW})=\frac{Fv}{1000}(\mathrm{N\cdot m/s})$$

在带即将要打滑的临界时刻，摩擦力达到极限值，平带上截取一微弧段进行受力分析，如图 13-2 所示。

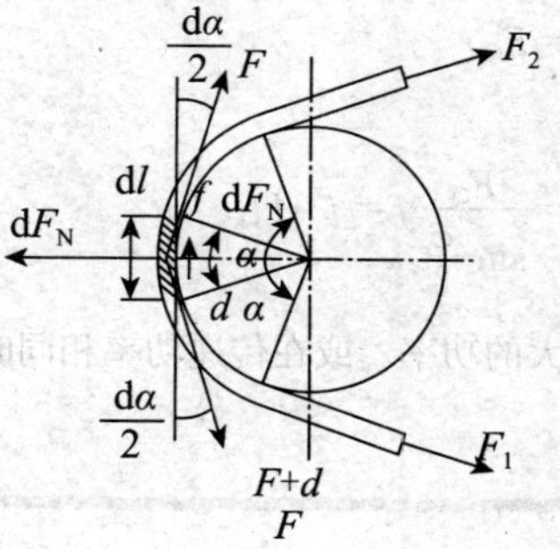

图 13-2

dF_N 为正压力，$f dF_N$ 为摩擦力，两端的拉力为 $F+dF$，平衡条件为

$$dF_N=F\sin\frac{d\alpha}{2}+(F+dF)\sin\frac{d\alpha}{2}$$

$$f dF_N=(F+dF)\cos\frac{d\alpha}{2}-F\cos\frac{d\alpha}{2}$$

因 $d\alpha$ 很小，可取 $\sin\frac{d\alpha}{2}\approx\frac{d\alpha}{2}$，$\cos\frac{d\alpha}{2}\approx1$ 去掉二阶微量 $dF\cdot\frac{d\alpha}{2}$ 有

$$dF_N=Fd\alpha$$

$$f dF_N=dF$$

则有

$$\frac{dF}{F}=fd\alpha$$

两边积分可得

$$\ln \frac{F_1}{F_2}=f\alpha$$

即紧边和松边的拉力之比为

$$\frac{F_1}{F_2}=e^{f\alpha}$$

联立 $F=F_1-F_2$ 可得

$$F_1=F\cdot\frac{e^{f\alpha}}{e^{f\alpha}-1}$$

$$F_2=F\cdot\frac{1}{e^{f\alpha}-1}$$

即有

$$F=F_1-F_2=F_1\left(1-\frac{1}{e^{f\alpha}}\right)$$

故增大包角或增大摩擦系数，都可提高带传动所能传递的圆周力。

平带的极限摩擦力为

$$F_N f=F_Q f$$

V 带的极限摩擦力为

$$F_N f=\frac{F_Q}{\sin\frac{\varphi}{2}}f=f'\cdot F_Q$$

在相同条件下，V 带能传递较大的功率。或在传递功率相同时，V 带传动的结构更为紧凑。

13.3 带的应力分析

带中应力由以下三部分组成：

(1)由紧边与松边拉力产生的拉应力为

紧边拉应力：$\sigma_1=\frac{F_1}{A}$

松边拉应力：$\sigma_2=\frac{F_2}{A}$

(2)弯曲应力为

$$\sigma_b=\frac{2yE}{d}$$

(3)离心应力为

$$\sigma_c=\frac{F_c}{A}=\frac{qv^2}{A}$$

最大应力出现在紧边与小轮的接触处，如图 13-3 所示。

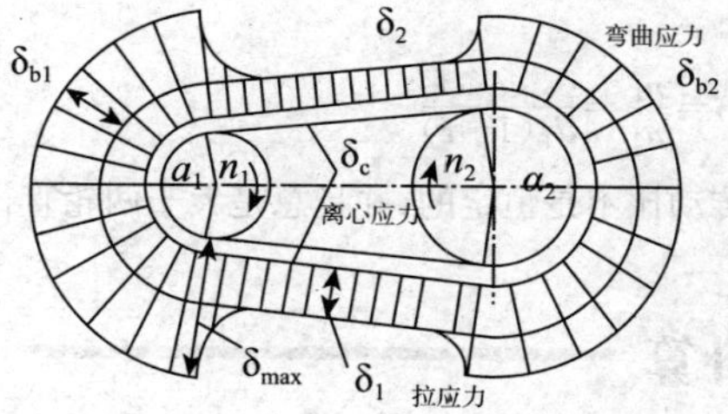

图 13-3

最大应力 $\sigma_{max}=\sigma_1+\sigma_{b1}+\sigma_c$

疲劳强度条件为

$$\sigma_{max}=\sigma_1+\sigma_{b1}+\sigma_c\leqslant[\sigma]$$

实验表明，疲劳曲线方程也适用于经受变应力的带，即 $\sigma_{max}^m N=C$。式中 m、C 与带的种类和材质有关，N 为应力循环次数。设 v 为带速，L 为带长，设带的寿命为 T，则应力循环次数为

$$N=3600kT\frac{v}{L}$$

13.4 带传动的弹性滑动和传动比

带传动的弹性滑动

设带的材料符合变形与应力成正比的规律，则变形量为

紧边：$\varepsilon_1=\dfrac{F_1}{AE}$

松边：$\varepsilon_2=\dfrac{F_2}{AE}$

因 $F_1>F_2$，所以 $\varepsilon_1>\varepsilon_2$。带绕过主动轮时，将逐渐缩短并沿轮面滑动，使带速落后于轮速。带经过从动轮时，将逐渐被拉长并沿轮面滑动，使带速超前于轮速。这种因材料的弹性变形而产生的滑动被称为弹性滑动。

带传动的传动比

主从动轮的圆周转速为

$$v_1=\frac{\pi d_1 n_1}{60\times1000}\text{m/s},v_2=\frac{\pi d_2 n_2}{60\times1000}\text{m/s}$$

定义 $\varepsilon=\dfrac{v_1-v_2}{v_1}=\dfrac{d_1 n_1-d_2 n_2}{d_1 n_1}$为滑动率

于是可得从动轮转速

$$n_2=\frac{n_1 d_1(1-\varepsilon)}{d_2}$$

故带传动的传动比为

$$i=\frac{n_1}{n_2}=\frac{d_2}{d_1(1-\varepsilon)}$$

从上式可看出带传动的传动比不是恒定的，并且总是大于两轮直径比。

13.5 V带传动的计算

V 带的规格

V 带由抗拉体、顶胶、底胶和包布组成。当带受纵向弯曲时，在带中保持原长度不变的周线称为节线；由全部节线构成的面称为节面。

在 V 带轮上，与所配用 V 带的节面宽度相对应的带轮直径称为基准直径 d；V 带在规定的张紧力下，位于带轮基准直径上的周线长度称为基准长度 ld。

单根普通 V 带的许用功率

为了保证带传动不出现打滑现象，需满足以下条件

$$F=F_1-F_2=F_1\left(1-\frac{1}{e^{f\alpha}}\right)=([\sigma]-\sigma_{b1}-\sigma_c)A\left(1-\frac{1}{e^{f\alpha}}\right)$$

可得单根普通 V 带能传动的功率为

$$P_0=([\sigma]-\sigma_{b1}-\sigma_c)\left(1-\frac{1}{e^{f'\alpha}}\right)\frac{Av}{1000}$$

实际工作条件与特定条件同时，应对 P_0 值加以修正。修正结果称为

$$[P_0]=(P_0+\Delta P_0)K_aK_L$$

其中 K_L 为长度系数，ΔP_0 为功率增量，K_a 为包角系数。

带的型号和根数的确定

设 P 为传动的额定功率，K_A 为工作情况系数，则计算功率如下

$$P_c=K_AP$$

可根据和小带轮的转速由选型图确定带的型号。其根数按照下式确定

$$z=\frac{P_c}{[P_0]}=\frac{P_c}{(P_0+\Delta P_0)K_aK_L}<10$$

主要参数的选择

1. 带轮直径和带速

带轮的直径过小，则带的弯曲应力大，寿命降低。应取：$d_1>d_{\min}$

大带轮的直径 d_2 为

$$d_2=\frac{n_1}{n_2}d_1(1-\varepsilon)$$

带速为

$$v=\frac{\pi d_1 n_1}{60\times 1000}\text{m/s}$$

其大小一般应在 5～25m/s 的范围内。

v 增大则离心力增大，接触面上的正压力减小，承载能力降低；v 减小则传递的功率减小，压轴力增大。

2. 中心距、带长和包角

一般推荐按下式确定中心距

$$0.7(d_1+d_2)<a_0<2(d_1+d_2)$$

初定的 V 带基准长度为

$$L_0=2a_0+\frac{\pi}{2}(d_1+d_2)+\frac{(d_2-d_1)^2}{4a_0}$$

根据 L_0 可由表 13-2 选取接近的基准长度 L_d，再按下式近似计算所需中心距

$$a\approx a_0+\frac{L_d-L_0}{2}$$

考虑带传动的安装、调整和 V 带张紧的需要。中心距变动范围为

$$(a-0.015L_d)\sim(a+0.015L_d)$$

小轮包角按下式计算

$$\alpha_1=180^\circ-\frac{d_2-d_1}{a}\times 57.3^\circ$$

3. 初拉力

单根普通 V 带适宜的初拉力

$$F_0=\frac{500P_c}{zv}\left(\frac{2.5}{K_\alpha}-1\right)+qv^2$$

其中 q 为带每米长的质量，K_α 为包角修正系数。

4. 作用在带轮轴上的压力

作用在带轮轴上的压力为

$$F_Q=2zF_0\sin\frac{\alpha_1}{2}$$

带传动设计的步骤如下：

(1)求计算功率。

(2)选择普通 V 带型号。

(3)求带轮的基准直径 d_1、d_2。

(4)验算带速。

(5)求 V 带的基准长度 L_d 和中心距 a。

(6)验算小带轮的包角。

(7)求 V 带根数 z。

(8)求作用在带轮轴上的压力 F_Q。

(9)带轮的结构设计。

13.6 V 带轮的结构和同步带传动简介

V 带轮的典型结构有实心式、腹板式、孔板式和轮辐式。

同步带(同步齿形带)是以钢丝为抗拉体,外包聚氨脂或橡胶。横截面为矩形,带面具有等距横向齿的环形传动带,带轮轮面也制成相应的齿形。其具有如下优点:

(1)传动比恒定。

(2)结构紧凑。

(3)由于带薄而轻,抗拉强度高,故带速高达 40m/s,传动比可达 10,传递功率可达 200kW。

(4)效率高,高达 0.98。

同时也存在成本高、对制造和安装要求高的缺点。

13.7 链传动的特点和应用

链传动属于具有挠性件的啮合传动,依靠链轮轮齿与链节的啮合传递运动和动力。链传动具有以下优点:

(1)没有弹性滑动。

(2)平均传动比准确,压轴力小。

(3)效率较高,容易实现多轴传动。

(4)安装精度要求较低,成本低。

(5)适用于中心距较大的传动。

(6)可在恶劣环境下工作。

但也存在以下缺点:

(1)瞬时传动比不恒定,瞬时链速不恒定。

(2)传动的平稳性差,有噪音。

(3)无过载保护作用。

链传动主要用在转速不高,两轴中心距较大,要求平均传动比准确的场合。适合恶劣环境下工作。不宜在载荷变化大和急促反向的传动中应用。

13.8 链条和链轮

链条

链条按结构的不同主要有滚子链和齿形链。

链条
- 滚子链
  - 单排链
  - 双排链
  - 多排链
- 齿形链

其中滚子链的排数越多，承载能力越高，但各排链受载不均现象越严重，故排数不宜过多，不宜超过 3～4 排。与滚子链相比，齿形链运转平稳、噪声小、承受冲击载荷的能力高；但结构复杂、价格较贵、也较重，所以它的应用没有滚子链那样广泛。

链轮

常用的链轮端面齿形由三段圆弧和一段直线组成，简称三圆弧一直线齿形。这种齿形已经标准化，由标准成型刀具加工，故链轮图上不必绘之端面齿形，只注明"齿形按 3RGB1244－85 规定制造"即可。

绕在链轮上的各链节滚子中心所在的圆称为链轮分度圆。链轮的结构如下：

- 整体式：小直径的链轮
- 孔板式：中等尺寸的链轮
- 组合式：大直径的链轮

13.9 链传动的运动分析和受力分析

链传动的运动分析

在链传动中，链条绕在链轮上如同绕在两个正多边形的轮子上，正多边形的边长等于链节距 p。平均链速为

$$v=\frac{z_1 n_1 p}{60\times 1000}=\frac{z_2 n_2 p}{60\times 1000}$$

平均传动比为

$$i=\frac{n_1}{n_2}=\frac{z_2}{z_1}$$

链的水平速度为

$$v=R_1\omega_1\cos\beta$$

垂直速度为

$$v'_1=R_1\omega_1\sin\beta$$

其中 β 为滚子中心 A 的相位角。$\left(\beta=-\frac{\varphi_1}{2}\sim+\frac{\varphi_1}{2}\right)(\varphi_1=360°/z_1)$

从动轮上链的水平速度为

$$v=R_2\omega_2\cos\gamma$$

则

$$\omega_2=\frac{v}{R_2\cos\gamma}=\frac{R_1\omega_1\cos\beta}{R_2\cos\gamma}$$

则瞬时传动比为

$$i=\frac{\omega_1}{\omega_2}=\frac{R_2\cos\gamma}{R_1\cos\beta}=\frac{d_2\cos\gamma}{d_1\cos\beta}\qquad(\varphi_2=360°/z_2)$$

可看出当主动链轮匀速转动时，从动链轮的角速度以及链传动的瞬时传动比都是周期性变化的。在传动中，链轮每转过一齿，瞬时链速和瞬时传动比就周期性变化一次。这种由链条围绕在链轮上形成正多边形而引起链传动的运动不均匀性，称为链传动的多边形效应。

链传动的受力分析

链在工作过程中，紧边和松边的拉力是不等的。若不计传动中的动载荷，作用在链上的力有：圆周力(即有效拉力)F，离心拉力 F_c 和悬垂拉力 F_y。

链的紧边拉力为

$$F_1=F+F_c+F_y$$

松边拉力为

$$F_2=F_c+F_y$$

离心拉力为

$$F_c=qv^2$$

悬垂拉力为

$$F_y=K_yqga$$

其中 K_y 为下垂量 $y=0.02a$ 时的垂度系数，其值与中心线与水平线的夹角 β 有关。链作用在轴上的压力 F_Q 可近似取为

$$F_Q=(1.2\sim1.3)F$$

13.10 链传动的主要参数及其选择

链轮齿数

为增加传动均匀性和减少动载，z_1 宜多些，对于滚子链，可按教材表 13-12 选取 z_1，然后按传动比确定大链轮齿数 $z_2=iz_1$，且 Z_2 最大取 120。

若发生链节磨损，节距增长量 Δp 和节圆外移量 $\Delta d'$ 的关系为

$$\Delta d'=\frac{\Delta p}{\sin\frac{180°}{z}}$$

链的节距

链的节距越大，其承载能力越高，动载越大，噪音也越大。设计时，在满足承载条件下，选较小节

距，单排链；高速重载时，选小节距多排链。

中心距和链的节数

中心距一般可取 $a=(30\sim50)p$，$a_{max}=80p$。

链条长度用链的节数 L_p 表示为

$$L_p=2\frac{a}{p}+\frac{z_1+z_2}{2}+\frac{p}{a}\left(\frac{z_2-z_1}{2\pi}\right)^2 \text{（最好取偶数）}$$

实际中心距为

$$a=\frac{p}{4}\left[\left(L_p-\frac{z_1+z_2}{2}\right)+\sqrt{\left(L_p-\frac{z_1+z_2}{2}\right)^2-8\left(\frac{z_2-z_1}{2\pi}\right)^2}\right]$$

13.11 滚子链传动的计算

失效形式

链传动的失效形式主要有以下几种：

(1)链板疲劳破坏。

(2)滚子套筒的冲击疲劳破坏。

(3)销轴与套筒的胶合。

(4)链条铰链磨损。

(5)过载拉断。

功率曲线图

在一定使用寿命和润滑良好的条件下，可测得链传动的各种失效形式的额定功率曲线。其实验条件如下：①链轮安装在水平轴上，两轮共面；②小链轮齿数 $z_1=19$；③链长 $L_p=120$ 节；④载荷平稳；⑤按推荐的方式润滑；⑥能连续工作 15000h，满负荷运转；⑦链条因磨损引起的相对伸长量不超过 3%。

若润滑不良或不能采用推荐的润滑方式时，应将图中 P_0 值降低：

(1)当链速 $v\leqslant1.5$m/s 时，降低到 50%。

(2)当 1.5m/s$<v\leqslant$7m/s 时，降低到 25%。

(3)当 $v>$7m/s 而又润滑不当时，传动不可靠。

链传动的计算

实际工作条件与上述特定条件不同时，应对 P_0 加以修正。故实际工作条件下链条所能传递的功率，即许用功率$[P_0]$可表示为

$$[P_0]=P_0K_zK_m$$

其中 K_z 为小链轮的齿数 $z_1\neq19$ 时的修正系数；K_m 为多排链系数。

设计链传动时应使

$$P_c \leqslant [P_0] = P_0 K_z K_m$$

或

$$\frac{P_c}{K_z K_m} \leqslant P_0$$

其中 $P_c = K_A P$，K_A 为工作情况系数。

当 $v \leqslant 0.6\text{m/s}$ 时，主要失效形式为链条的过载拉断，设计时必须验算静力强度的安全系数

$$\frac{Q}{K_A F_1} \geqslant S$$

其中 Q 为链的极限载荷。

13.12 链传动的润滑和布置

链传动的润滑

链传动的良好润滑能起到缓和冲击、减小摩擦和降低磨损的作用；不良的润滑会降低链传动的使用寿命。润滑方法如下：

润滑方法
- 人工定期润滑
- 滴油润滑
- 油浴或飞溅润滑
- 压力喷油润滑

链传动的布置

(1)两链轮的回转平面应在同一垂直平面内。

(2)链轮中心连线最好水平，或倾角＜45°。

(3)一般情况，紧边布置在上面。

习题全解

13-1 解题过程 (1)

$$\cos\frac{\alpha}{2} = \frac{d_2 - d_1}{2a} = \frac{400-150}{2\times 1000} = 0.125$$

则 $\alpha = 165.63° = 2.89\text{rad}$

(2)

$$L = 2a + \frac{\pi}{2}(d_2 + d_1) + \frac{(d_2 - 1)^2}{4a}$$

$$= 2\times 1000 + \frac{\pi}{2}(150+400) + \frac{(400-150)^2}{4\times 1000} = 2879.13\text{mm}$$

(3)不考虑带的弹性滑动时，有

$$\frac{n_1}{n_2} = \frac{d_2}{d_1}$$

则

$$n_2=\frac{d_1 n_1}{d_2}=\frac{150\times1460}{400}=547.5\text{r/min}$$

(4)滑动率 $\varepsilon=0.015$ 时，有大轮的实际转速为

$$n_2=\frac{d_1 n_1(1-\varepsilon)}{d_2}=\frac{150\times1.460\times(1-0.15)}{400}=539.29\text{r/min}$$

13-2 解题过程 (1)传递的圆周力为

$$F=\frac{1000P}{v}=\frac{1000P}{\frac{\pi n_1 d_1}{60\times1000}}=\frac{60P\times10^6}{\pi n_1 d_1}=\frac{60\times5\times10^6}{\pi\times1460\times150}=436.26\text{N}$$

因

$$e^{f\alpha}=e^{0.3\times2.89}=2.38$$

故

$$F_1=F\,\frac{e^{f\alpha\alpha}}{e^{f\alpha}-1}=436.26\times\frac{2.38}{2.38-1}=752.39\text{N}$$

$$F_2=F\,\frac{1}{e^{f\alpha}-1}=436.26\times\frac{1}{2.38-1}=316.13\text{N}$$

(2)初拉力为

$$F_0=\frac{1}{2}(F_1+F_2)=\frac{1}{2}(752.39+316.13)=534.26\text{N}$$

(3)作用在轴上的压力为

$$F_Q=2F_0\sin\frac{\alpha_1}{2}2\times532\sin\frac{165.63^\circ}{2}=1060.13\text{N}$$

13-3 解题过程 (1)V 带基准长度为

$$\begin{aligned}L_0&=2\omega+\frac{\pi}{2}(d_1+d_2)+\frac{(d_2-d_1)^2}{4a}\\&=2\times450+\frac{3.14}{2}\times(125+250)+\frac{(250-125)^2}{4\times450}\\&=1497.43\text{mm}\end{aligned}$$

(2)由教材表 13-2 得，基准长度 $L_d=1400$mm。

(3)所需中心距为

$$a\approx a_0+\frac{L_d-L_0}{2}=450+\frac{1400-1497.43}{2}=401\text{mm}$$

13-4 解题过程 查教材表 13-8，取 $K_A=1.2$，则

$$P_c=K_A P=1.2\times4=4.8\text{kW}$$

传动比为

$$i=\frac{d_2}{d_1(1-\varepsilon)}=\frac{250}{125\times(1-0.01)}=2.02\text{kW}$$

由

$$\cos\frac{\alpha}{2}=\frac{d_2-d_1}{2a}=\frac{250-125}{2\times 401}=0.1559$$

得

$$\alpha=162.07^\circ$$

查教材表 13-5 得 $\Delta P_0=0.17\text{kW}$，由教材表 13-3 得 $P_0=1.92\text{kW}$，查教材表 13-2 得 $K_L=0.96$，由教材表 13-7 得 $K_\alpha=0.95$，则

$$z=\frac{P_c}{(P_0+\Delta P_0)K_\alpha K_L}=\frac{4.8}{(1.92+0.17)\times 0.95\times 0.96}=2.52$$

取 $z=3$。

13-5 解题过程 查教材表 13-8 得，$K_A=1.1$，则

$$P_c=K_AP=1.1\times 7.5=8.25\text{kW}$$

查教材图 13-15，可选用 A 型带。

查教材表 13-9 取 $d_1=125\text{mm}$，由

$$\frac{n_1}{n_2}=\frac{d_2}{d_1(1-\varepsilon)}$$

得

$$d_2=\frac{n_1(1-\varepsilon)d_1}{n_2}=\frac{1450(1-0.01)\times 125}{610}=294.16\text{mm}$$

取 $d_2=300\text{mm}$。

初选中心距为

$$a_0=1.5(d_1+d_2)=1.5\times(125+300)=637.5\text{mm}$$

取 $a_0=650\text{mm}$，则有

$$L_0=2a_0+\frac{\pi}{2}(d_1+d_2)+\frac{(d_2-d_1)^2}{4a}$$

$$=2\times 650+\frac{3.14}{2}\times(125+300)+\frac{(300-125)^2}{4\times 650}$$

$$=1979.03\text{mm}$$

由教材表 13-2 得，$L_d=2000\text{mm}$，所以

$$a\approx a_0+\frac{L_d-L_0}{2}=650+\frac{2000-1979.03}{2}=660\text{mm}$$

传动比为

$$i=\frac{n_1}{n_2}=\frac{1450}{610}=2.4$$

$$\cos\frac{\alpha}{2}=\frac{d_2-d_2}{2a}=\frac{300-125}{2\times 660}=0.1326$$

则小带包角为

$\alpha=164.76°$

由教材表 13-3 得，$P_0=1.92\text{kW}$，查教材表 13-5 有 $\Delta P_0=0.17\text{kW}$，查教材表 13-2 得 $K_L=1.03$，查教材表 13-7 得 $K_a=0.95$，则

$$z=\frac{P_c}{(P_0+\Delta+P_0)K_aK_L}=\frac{8.25}{(1.92+1.07)\times0.965\times1.03}=3.97$$

取 $z=4$。

13-6 解题过程 选用 A 型带时，由教材表 13-9 可取 $d_1=140\text{mm}$。

由教材例 13-2 知 $P_c=10.8\text{kW}$，$d_2=2240\text{mm}$，$a=757\text{mm}$，$i=2.3$，$K_a=0.97$。

由教材表 13-3 得 $P_0=2.28\text{kW}$，由教材表 13-5 得 $\Delta P_0=0.17\text{kW}$，由教材表 13-2 得 $K_L=1.06$。

则

$$z=\frac{P_c}{(P_0+\Delta P_0)K_aK_L}=\frac{10.8}{(2.28+0.17)\times0.97\times1.06}=4.29$$

取 $z=5$。

13-7 解题过程 略。

13-8 解题过程 计算步骤与 13-5 相同，略。

13-9 解题过程 由教材表 13-11 得，$p=15.875\text{mm}$，滚子外径 $d_1=10.16\text{mm}$。

则

$$d_{\mathrm{I}}=\frac{p}{\sin(180°/z_1)}=\frac{15.875}{\sin(180°/21)}=106.51\text{mm}$$

$$d_{\mathrm{II}}=\frac{p}{\sin(180°/z_2)}=\frac{15.875}{\sin(180°/53)}=267.97\text{mm}$$

$$d_{a1}=p\left(0.54+\cot\frac{180°}{z_1}\right)=15.875\left(0.54+\cot\frac{180°}{21}\right)=113.90\text{mm}$$

$$d_{a2}=p\left(0.54+\cot\frac{180°}{z_2}\right)=15.875\times\left(0.54+\cot\frac{180°}{53}\right)=276.08\text{mm}$$

$$d_{f1}=d_{\mathrm{I}}-d_1=106.51-10.16=96.35\text{mm}$$

$$d_{f2}=d_{\mathrm{II}}-d_1=267.97-10.16=257.81\text{mm}$$

中心距为

$$a=\frac{p}{4}\left[\left(L_p-\frac{z_1+z_2}{2}\right)+\sqrt{\left(L_p-\frac{z_1+z_2}{2}\right)^2-8\left(\frac{z_2-z_1}{2\pi}\right)^2}\right]$$

$$=\frac{15.875}{4}\left[\left(100-\frac{21+53}{2}\right)+\sqrt{\left(100-\frac{21+53}{2}\right)^2-8\left(\frac{53-21}{2\pi}\right)^2}\right]$$

$$=493.43\text{mm}$$

13-10 解题过程 由教材图 13-33 得，$P_0=6\text{kW}$。查教材中表 13-13，则

$$K_z=\left(\frac{z_1}{19}\right)^{1.08}=\left(\frac{21}{19}\right)^{1.08}=1.11$$

$$K_L=\left(\frac{L_p}{100}\right)^{0.26}=\left(\frac{100}{100}\right)^{0.26}=1$$

取 $K_m=1$,则有

$$P\leqslant\frac{P_0K_7K_LK_m}{K_A}=\frac{6\times1.11\times1\times1}{1}=6.66\text{kW}$$

(2)由教材图 13-33 知,可能出现链板疲劳破坏。

(3)由

$$v=\frac{z_1pn_1}{60\times1000}=\frac{21\times15.875\times600}{60\times1000}=3.33\text{m/s}$$

再结合教材图 13-34 查得,可用滴油润滑。

13-11 解题过程 (1)假定 $v<3\sim8\text{m/s}$,取 $z_1=21$,则大链轮齿数为

$$z_2=iz_1=\frac{n_1}{n_2}z_1=\frac{960}{330}\times21=60.9$$

(2)初选定中心距为 $a_0=40p$,则

$$L_p=\frac{2a_0}{p}+\frac{z_1+z_2}{2}+\left(\frac{z_2-z_1}{2\pi}\right)^2\frac{p}{a_0}$$

$$=\frac{2\times40p}{p}+\frac{21+61}{2}+\left(\frac{61-21}{2\pi}\right)^2\times\frac{p}{40p}$$

$$=122.01$$

取 $L_p=122$。

(3)由教材表 13-15 得 $K_A=1$,则计算功率为

$$P_c=K_AP=1\times3=3\text{kW}$$

(4)估计此链传动工作位于教材图 13-33 所示曲线的左侧,由教材表 13-13 得

$$K_Z=\left(\frac{z_1}{19}\right)^{1.08}=\left(\frac{21}{19}\right)^{1.08}=1.11$$

$$K_L=\left(\frac{L_p}{100}\right)^{0.26}=\left(\frac{122}{100}\right)^{0.26}=1.05$$

采用单排链,$K_m=1.0$,则

$$P_0\leqslant\frac{P_c}{K_ZK_LK_m}=\frac{3}{1.11\times1.05\times1}=2.57\text{kW}$$

由教材图 13-33 知,当 $n_1=960\text{r/min}$ 时,08A 链条能传递的功率满足要求,节距 $p=12.7\text{mm}$。

(5)实际中心距为

$$a\approx40p=40\times12.7=508\text{mm}$$

(6)由于 $v=\frac{z_1pn_1}{60\times1000}=\frac{21\times12.7\times960}{60\times1000}=4.27\text{m/s}$

故符合原来的假定。

13-12 解题过程 由教材中表 13-11 得，10A 型滚子链的链节距 $p=15.875\text{mm}$，每米质量 $q=1\text{kg/m}$，极限拉伸载荷(单排)$Q=21800\text{N}$。则链速为

$$v=\frac{z_1 p n_1}{60\times1000}=\frac{17\times15.875\times130}{60\times1000}=0.58\text{m/s}$$

速度小于 0.6m/s，故需要验算静强度。

紧边拉力为

$$F=100P/v=1000\times\frac{15}{0.58}=2856.21\text{N}$$

离心拉力为

$$F_c=qv^2=1\times0.58^2=0.336\text{N}$$

因为是水平传动，$K_y=7$，则悬垂拉力为

$$F_y=K_y qga=7\times1\times9.8\times\frac{500}{1000}=34.3\text{N}$$

则紧边拉力为

$$\begin{aligned}F_1&=F+F_c+F_y\\&=2586.21+0.336+34.3=2620.85\text{N}\end{aligned}$$

则所需极限拉伸载荷为

$$\begin{aligned}Q&=SK_AF_1\\&=7\times1.1\times2620.85=20180.545\text{N}<21800\text{N}\end{aligned}$$

故此链传动基本满足要求。

第十四章

轴

本章知识要点

(1)轴的类型及应力分析。

(2)轴的结构设计和强度计算。

(3)轴的刚度计算。

知识点归纳

14.1 轴的功用和类型

轴用来支持旋转的机械零件和传递转矩。

轴的分类情况如下：

- 类型
  - 按承受载荷分
    - 转轴——传递扭矩又承受弯矩
    - 传动轴——只传递扭矩
    - 心轴——只承受弯矩
  - 按轴的形状分
    - 直轴
    - 曲轴
    - 挠性钢丝轴

轴设计中要注意的问题有：

(1)合理选择材料。

(2)轴的结构设计。

(3)轴的工作能力设计(强度和刚度设计)。

(4)轴的结构形状和尺寸确定。

14.2 轴的材料

轴的主要失效形式多为疲劳损坏，故轴的材料必须具有足够的疲劳强度。常用的材料有碳素钢和合金钢。

碳素钢：35、45、50 等优质碳素结构钢因具有较高的综合力学性能，应用较多，其中 45 钢应用最为广泛。为了改善其力学性能，应进行正火或调质处理。不重要或受力较小的轴则可采用 Q235、Q275 等碳素结构钢。

合金钢：合金钢具有较高的力学性能和较好的热处理性能，但价格较贵，多用于有特殊要求的轴。值得注意的是，钢材的种类和热处理对其弹性模量的影响甚小。因此，如欲采用合金钢或通过热处理来提高轴的刚度并无实效。此外，合金钢对应力集中的敏感性较高，因此设计合金钢轴时，更应从结构上避免或减小应力集中，并减小其表面粗糙度。

14.3 轴的结构设计

轴的结构设计任务是要使轴的各部分具有合理的形状和尺寸。设计的主要要求有：

(1)轴应便于制造，轴上零件要易于装拆。

(2)轴和轴上零件要有准确的工作位置。

(3)各零件要牢固而可靠地相对固定。

(4)改善应力状况，减小应力集中。

制造安装要求

为便于轴上零件的装拆，一般轴都做成从轴端逐渐向中间增大的阶梯状。装零件的轴端应有倒角，所有键槽位于同一母线上，需要磨削的轴端有砂轮越程槽，车螺纹的轴端应有退刀槽。

轴上零件的定位

安装在轴上的零件必须有确定的轴向定位。阶梯轴上截面变化处称为轴肩，起轴向定位作用。还有些零件依靠套筒定位。

轴上零件的固定

轴上零件的轴向固定常采用轴肩、套筒、螺母或轴端挡圈(又称压板)等形式。轴上零件的周向固定，大多采用键、花键或过盈配合等连接形式。

轴的各段直径和长度的确定

与标准件配合的轴段直径取相应的标准值(如轴承、联轴器、密封等)；有配合要求的轴段，尽量采用标准直径；为使齿轮、轴承等有配合要求的零件装拆方便，并降低配合表面的擦伤，在配合轴段前应采用较小的直径。

改善轴的受力状况，减小应力集中

合理布置轴上的零件可以改善轴的受力状况，另一方面可以通过减小应力集中来改善轴的受力状况。

减小应力集中的措施主要有：

(1)用圆角过渡。

(2)尽量避免在轴上开横孔、切口或凹槽。

(3)重要结构可增加卸载槽、过渡肩环、凹切圆角、增大圆角半径。也可以减小过盈配合处的局部应力。

14.4 轴的强度计算

按扭转强度计算

对于只传递扭转的圆截面轴，其强度条件为

$$\tau=\frac{T}{W_T}=\frac{9.55\times10^6 P}{0.2d^3 n}\leqslant[\tau]$$

其中 τ 为轴的扭切应力，T 为转矩，W_T 为抗扭截面系数，P 为传递功率，n 为转速，d 为轴的直径。

设计公式为

$$d\geqslant\sqrt[3]{\frac{9.55\times10^6}{0.2[\tau]}}\cdot\sqrt[3]{\frac{P}{n}}\geqslant C\cdot\sqrt[3]{\frac{P}{n}}$$

用上式求得的 d 值常作为传递转矩轴段的最小直径。

按弯扭合成强度计算

强度条件为

$$\sigma_e=\sqrt{\sigma_b^2+4\tau^2}\leqslant[\sigma_b]$$

其中 σ_e 为危险截面的当量应力，σ_b 为危险截面上弯矩 M 产生的弯曲应力。

且

$$\sigma_b=\frac{M}{W}=\frac{M}{\pi d^3/32}\approx\frac{M}{0.1d^3}$$

$$\tau=\frac{T}{W_T}=\frac{T}{2W}$$

其中 W 为抗弯截面系数。

于是有

$$\sigma_e=\sqrt{\left(\frac{M}{W}\right)^2+4\left(\frac{T}{2W}\right)^2}=\frac{1}{W}\sqrt{M^2+T^2}\leqslant[\sigma_b]$$

因 σ_b 和 τ 的循环特性不同，折合后得

$$\sigma_e=\frac{M_e}{W}=\frac{\sqrt{M^2+(\alpha T)^2}}{0.1d^3}\leqslant[\sigma_{-1b}]$$

其中 M_e 为当量弯矩，α 为折合系数。

按弯扭合成强度计算轴径的一般步骤如下：

(1)将外载荷分解到水平面和垂直面，求垂直面支撑反力 F_V 和水平面支撑反力 F_H。

(2)作垂直弯矩 M_V 图和弯矩 M_H 图。

(3)作合成弯矩 M 图，$M=\sqrt{M_H^2+M_V^2}$。

(4)作转矩 T 图。

(5)弯扭合成，作当量弯矩 M_e 图，$M_e=\sqrt{M^2+(\alpha T)^2}$。

(6)计算危险截面轴径：$d\geqslant\sqrt[3]{\dfrac{M_e}{0.1[\sigma_{-1b}]}}$。

另外要注意：若危险截面上有键槽，则应加大 4%；若计算结果大于结构设计初步估计的轴径，则强度不够，应修改设计；若计算结果小于结构设计初步估计的轴径，且相差不大，一般以结构设计的轴径为准。

14.5 轴的刚度计算

轴因受弯矩和转矩作用，分别会产生弯曲变形和扭转变形。因此为了使轴不致于因刚度不够而失效，设计时必须根据轴的工作条件限制变形量，即

$$\begin{cases}y\leqslant[y]\\ \theta\leqslant[\theta]\\ \varphi\leqslant[\varphi]\end{cases}$$

其中 y、θ、φ 分别为挠度、转角和扭角。

弯曲变形的计算

弯曲变形的计算主要有两种方法：

(1)按微分方程求解，适用于等直径轴。

(2)变形能法，适用于阶梯轴。

扭转变形的计算

等直径轴的扭转角按下式计算

$$\varphi=\frac{Tl}{GI_p}=\frac{32Tl}{G\pi d^4}$$

其中 T 为转矩，l 为轴受转矩作用的长度，d 为轴径，G 为材料的切变模量，I_p 为轴截面的极惯性矩。

阶梯轴的扭转角为

$$\varphi=\frac{1}{G}\sum_{i=1}^{n}\frac{T_il_i}{I_{pi}}$$

其中，T_i、l_i、I_{pi} 分别代表阶梯轴第 i 段上所传递的转矩及该段的长度和极惯性矩。

14.6 轴的临界转速的概念

当轴旋转时，由于轴和轴上零件的材料组织不均匀，制造有误差，或对中不良等，引起轴的弯曲振动。若轴所受外力频率与轴的自振频率一致，运转便不稳定而发生显著的振动，即轴的共振。产生共振时轴的转速称为临界转速。对于重要的尤其是高转速的轴，必须计算其临界转速，并使轴的工作转速避开临界转速。工作转速低于一阶临界转速的轴称为刚性轴；超过一阶临界转速的轴称为挠性轴。

习题全解

14-1 解题过程 Ⅰ为传动轴，Ⅱ和Ⅳ为转轴，Ⅲ为心轴。

14-2 解题过程 最小直径为

$$d_{\min}=\sqrt[3]{\frac{39.55\times10^6}{0.2[\tau]}}\cdot\sqrt[3]{\frac{P}{n}}=\sqrt[3]{\frac{9.55\times10^6\times37}{0.2\times40\times900}}=36.612\text{mm}$$

可取 $d=37$mm。

14-3 解题过程 该轴能传递的最大功率为

$$P_{\max}=\frac{0.2[\tau]d^3n}{9.55\times10^6}=\frac{0.2\times50\times32^3\times1725}{9.55\times10^6}=59.2\text{kW}$$

14-4 解题过程 按扭转合成强度计算，因转矩性质不清，按转矩脉冲变化，转矩折合系数 $\alpha=0.6$。则最大弯矩为

$$M_{\max}=\frac{Fax}{a+x}$$

则有 $$[\sigma_{-1b}]\geqslant\frac{\sqrt{M^2+(\alpha T)^2}}{0.1d^3}$$

代入数据可解得

$$x\leqslant533\text{mm}$$

14-5 解题过程 两个轴都是心轴，只承受弯矩。两种设计的简化图如题 14-5 解图所示。

(1)在图(a)中，力矩 M 为

$$M=\frac{G\times75\times75}{150}=3.75\times10^5\text{ N}\cdot\text{mm}$$

因是心轴，故 $M_e=M$，查相关手册得$[\sigma_{-1b}]=55$MPa，则有

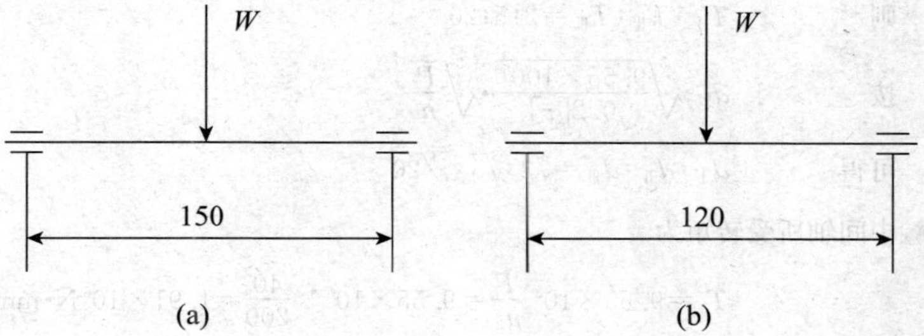

题 14-5 解图

$$d_a \geqslant \sqrt[3]{\frac{M_a}{0.1[\sigma_{-1b}]}} = \sqrt[3]{\frac{3.75\times10^5}{0.1\times55}} = 40.853\text{mm}$$

考虑键槽对轴的削弱,直径再扩大 4%,得

$$d_a = 40.853\times1.04 = 42.487 \approx 45\text{mm}$$

(2)图(b)中,力矩 M 为

$$M = \frac{G\times60\times60}{120} = 3\times10^5\ \text{N·mm}$$

由于 $M_e = M_f$,则有

$$d_b > \sqrt[3]{\frac{M_e}{0.1[\sigma_{-1b}]}} = \sqrt{\frac{33\times10^5}{0.1\times55}} = 37.924 \approx 38\text{mm}$$

14-6 解题过程 输入轴传递的转矩为

$$T_1 = 9.55\times10^6\ \frac{P}{n} = 9.55\times10^6\times\frac{22}{1470} = 1.429\times10^5\ \text{N·mm}$$

输出轴传递的扭矩为

$$T_2 = T_1\ \frac{z_1}{z_2} = 1.429\times10^5\times\frac{82}{18} = 6.51\times10^5\ \text{N·mm}$$

则 $$F_r = F_t\tan\alpha = \frac{2T_1}{mz_1}\tan\alpha = \frac{2\times1.429\times10^{\circ}}{4\times18}\times\tan20^{\circ} = 1.445\times10^3\ \text{N}$$

$$M = \frac{F_r l}{4} = \frac{1.445\times10^3\times180}{4} = 6.50\times10^4\ \text{N·mm}$$

合成弯矩

$$M_r = \sqrt{M^2+(\alpha T_2)^2} = \sqrt{6.50\times10^8+(0.6\times6.51\times10^5)^2}$$
$$= 3.96\times10^5\ \text{N·mm}$$

则 $$d \geqslant \sqrt[3]{\frac{M^r}{0.1[\sigma_{-1b}]}} = \sqrt[3]{\frac{3.96\times10^5}{0.1\times60}} = 40.41\text{mm}$$

考虑键槽对轴的削弱,直径再扩大 4%,得 $d\approx44$mm。

14-7 解题过程 由题知 $n_1 = 2.5n_2$,$n_3 = 4n_4$,若不计功率损失,则

$$T_i = 9.55\times10^6\ \frac{P}{n_i}(i = \text{Ⅰ},\text{Ⅱ},\text{Ⅲ})$$

则 $T_{\mathrm{I}}:T_{\mathrm{II}}:T_{\mathrm{III}}=2:5:20$

按 $d\geqslant\sqrt[3]{\dfrac{9.55\times100^{6}}{0.2[\tau]}}\cdot\sqrt[3]{\dfrac{P}{n}}$

可得 $d_{\mathrm{I}}:d_{\mathrm{II}}:d_{\mathrm{III}}=\sqrt[3]{2}:\sqrt[3]{5}:\sqrt[3]{20}$

14-8 解题过程 中间轴所受转矩为

$$T_2=9.55\times10^6\ \frac{P}{n_2}=9.55\times10^6\times\frac{40}{200}=1.91\times10^6\,\mathrm{N\cdot mm}$$

(1)中间轴上的齿轮受力计算如下

$$F_{t2}=\frac{2T_2}{d_2}=\frac{2\times1.91\times10^6}{688}=5.55\times10^3\,\mathrm{N}$$

$$F_{r2}=\frac{F_{t2}\tan\alpha}{\cos\beta_2}=\frac{5.55\times10^3\times\tan20^\circ}{\cos12.8^\circ}=2.07\times10^3\,\mathrm{N}$$

$$F_{a2}=F_{t2}\tan\beta_2=5.55\times10^3\times\tan12.8^\circ=1.26\times10^3\,\mathrm{N}$$

$$F_{t3}=\frac{2T_2}{d_B}=\frac{2\times1.91\times10^6}{170}=22.5\times10^3\,\mathrm{N}$$

$$F_{r_3}=\frac{F\beta\tan\alpha}{cos\beta}=\frac{22.5\times10^3\times\tan20^\circ}{\cos10.5^\circ}=8.33\times10^3\,\mathrm{N}$$

$$F_{a3}=F_{t3}\tan\beta_B=22.5\times10^3\times\tan105^\circ=4.17\times10^3\,\mathrm{N}$$

(2)轴的空间受力情况如题 14-8 解图(a)所示。

(3)垂直面受力简图如题 14-8 解图(b)所示，有

$$R_{AV}=\frac{F_{t3}\overline{BD}+F_{t2}\overline{CD}}{\overline{AD}}$$

$$=\frac{22.5\times10^3\times325+5.55\times10^3\times100}{470}=16.74\times10^3\,\mathrm{N}$$

$$R_{DV}=\frac{F_{t3}\overline{AB}+F_{t2}\overline{AC}}{AD}$$

$$=\frac{22.5\times10^3\times145+5.55\times10^3\times370}{470}=11.31\times10^3\,\mathrm{N}$$

垂直面的弯矩图如题 14-8 解图(c)所示，有

$$M_{BV}=R_{AV}\overline{AB}=16.74\times10^3\times145=2.43\times10^6\,\mathrm{N\cdot mm}$$

$$M_{CV}=R_{DV}\overline{CD}=11.31\times10^3\times100=11.31\times10^5\,\mathrm{N\cdot mm}$$

(4)水平面受力简图如题 14-8 解图(d)所示，有

$$R_{AH}=\frac{F_{r3}\overline{BD}-F_{r2}\overline{CD}-F_{a3}d_3/2-F_{a2}d_2/2}{\overline{AD}}$$

$$=\frac{8.33\times10^3\times325-2.07\times10^5-4.17\times10^3\times85-1.26\times10^3\times344}{470}$$

$$=3.64\times10^3\,\mathrm{N}$$

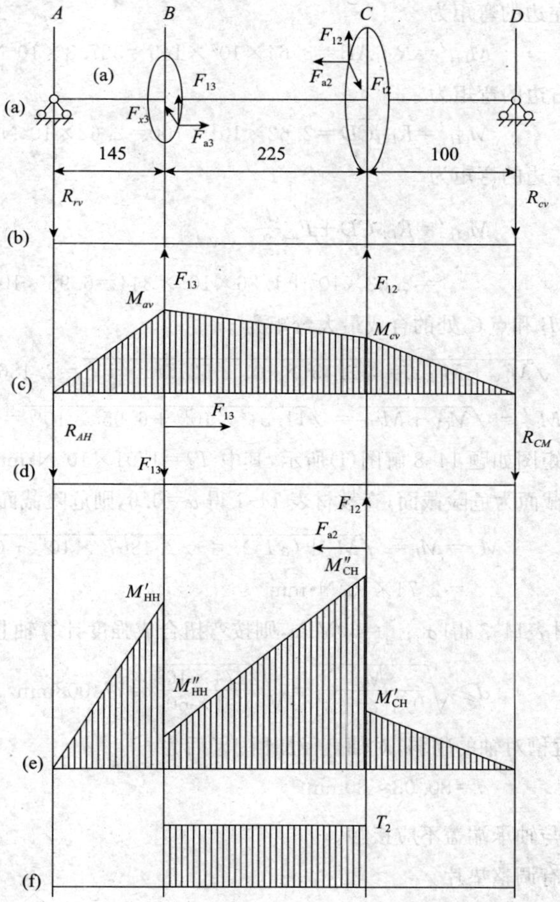

题 14-8 解图

$$R_{DH}=\frac{F_{a3}d_{\beta}/2+F_{a2}d_2/2+F_{r3}\overline{AB}-F_{r2}\overline{AC}}{\overline{AD}}$$

$$=\frac{4.17\times10^3\times85+1.26\times10^3\times344+8.33\times10^3\times145-2.07\times10^3\times370}{470}$$

$$=2.62\times10^3\,\mathrm{N}$$

水平面的弯矩图如题 14-8 解图(e)所示，有

点 B 右边的弯矩为

$$M_{BH}''=R_{AH}\overline{AB}-Fa_3=\frac{d_B}{2}$$

$$=(527.8-4.17\times85)\times10^3=173.4\times10^3\,\mathrm{N\cdot mm}$$

点 B 左边的弯矩为

$$M_{BH}'=R_{AH}\overline{AB}=3.64\times10^3\times145=527.8\times10^3\,\text{N·mm}$$

点 C 右边的弯矩为

$$M_{CH}'=R_{DH}\overline{CD}=2.62\times10^3\times100=2.62\times10^5\,\text{N·mm}$$

点 C 左边的弯矩为

$$M_{CH}''=R_{DH}\overline{CD}+F_{a2}\frac{d_0}{2}$$

$$=2.62\times10^5+1.26\times10^3\times344=6.95\times10^5\,\text{N·mm}$$

(5)点 B 和点 C 处的合成最大弯矩为

$$M_B'=\sqrt{M_{BV}^2+M'^2_{BH}}=\sqrt{2.43^2\times10^{12}+527.8^2\times10^6}=2.486\times10^6\,\text{N·mm}$$

$$M_C'=\sqrt{M_{CV}^2+M_{CH}^2}=\sqrt{11.31^2\times10^{10}+6.95^2\times10^{10}}=1.33\times10^6\,\text{N·mm}$$

(6)转矩图如题 14-8 解图(f)所示，其中 $T_2=1.91\times10^6$ N·mm。

(7)B 截面为危险截面，查教材表 14-1 得 $\alpha=0.6$，则危险截面的当量弯矩为

$$M_e=M_B=\sqrt{M_B^2+(\alpha T_2)^2}=\sqrt{2.4867^2\times10^{12}+(0.6\times1.91)^2\times10^{12}}$$

$$=2.74\times10^6\,\text{N·mm}$$

查教材表14-3 得$[\sigma_{-1b}]=60$MPa，则按弯扭合成强度计算轴Ⅱ的直径为

$$d\geqslant\sqrt[3]{\frac{M_e}{0.1[\sigma_{-1b}]}}=\sqrt[3]{\frac{2.74\times10^6}{0.1\times60}}=77.008\text{mm}$$

考虑键槽对轴的削弱，对轴直径加粗 4%后为

$$d=80.08\approx80\text{mm}$$

14-9 解题过程 (1)轴与轴承端盖不应接触。;

(2)应有调整垫片。

(3)缺少圆周固定，应该加键连接。

(4)传动件一侧应该由肩环固定。

(5)与轮毂配合段轴颈长度应该比毂长小 1 到 2 毫米。

(6)轴承安装距离过长，应该加一轴肩。

(7)轴端挡圈固定，轴颈应该缩进轮毂 1 到 2 毫米。

14-10 解题过程 见题 14-10 表及题 14-10 解图。

题 14-10 表

名称	L_1	L_2	L_3	L_4	L_5
长度/mm	50	50	42	55	42

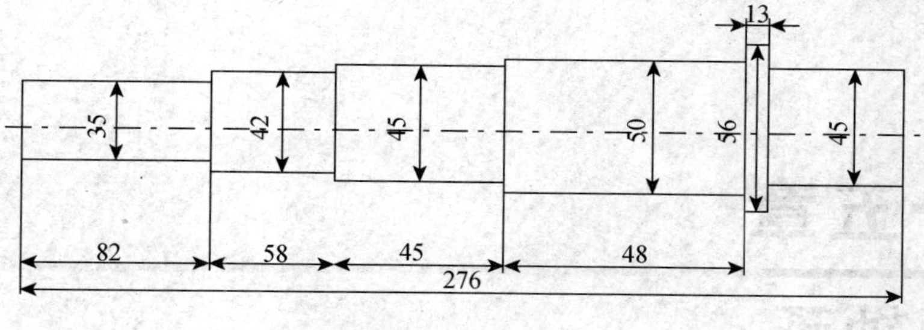

题 14-10 解图

14-11 解题过程 由题知

$$[\varphi]=0.5\times\frac{\pi}{180}\times 1.8=0.0157\text{rad}$$

按扭转刚度要求计算,应满足

$$\varphi=\frac{32Tl}{G\pi d^4}\leqslant[\varphi]$$

即 $$d\geqslant\sqrt[4]{\frac{32Tl}{\pi G[\varphi]}}=\sqrt[4]{\frac{32\times T\times 1800}{3.14\times 8\times 10^4\times 0.0157}}=1.955\sqrt[4]{T}$$

14-12 解题过程 因材料相同,要求两轴扭转强度相同,即需要

$$W_{T1}=W_{T2}$$

空心轴的抗扭截面模量为

$$W_{T1}=\frac{\pi d_0^3}{16}\left[1-\left(\frac{d}{d_0}\right)^4\right]=\frac{\pi\times 85^3}{16}\times\left[1-\left(\frac{d}{85}\right)^4\right]$$

实心轴的抗扭截面模量为

$$W_{T2}=\frac{\pi^3}{16}=\frac{\pi}{16}\times 75^3$$

由于 $W_{T1}=W_{T2}$,则

$$\frac{\pi\times 85^3}{16}\left[1-\left(\frac{d}{85}\right)^4\right]=\frac{\pi}{16}\times 75^3$$

可解出

$$d=63.580\text{mm}$$

取 $d=63\text{mm}$。

实心轴质量 $=\rho\frac{\pi}{4}\varphi^2 h=5625\frac{\pi\rho h}{4}$

空心轴质量 $=\rho\frac{\pi}{4}(d^2-d_0^2)h=\rho\times\frac{\pi}{4}(85^2-63^2)h=3256\rho\frac{\pi h}{4}$

则空心轴减轻重量的百分率为(5625−3256)/5625=42.12%。

第十五章

滑动轴承

本章知识要点

(1)滑动轴承摩擦状态的类型、特点。

(2)滑动轴承的常见结构形式。

(3)轴瓦的结构、材料的选用。

(4)非液体摩擦滑动轴承的计算。

(5)润滑剂的类型、主要性能指标及选用原则。

(6)动压润滑形成的必要条件及向心滑动轴承形成动压油膜的过程。

知识点归纳

轴承的功用主要有:

(1)支承轴及轴上零件,保持轴的旋转精度。

(2)减少转轴与支承之间的摩擦与磨损。

轴承分为滚动轴承和滑动轴承两大类。滚动轴承是标准件,具有一系列优点,因而在一般机器中得到广泛应用。但是在高速、高精度、重载、结构上需要剖分的场合(如汽轮机、离心式压缩机、内燃机、大型电机等)以及低速、受冲击载荷作用的的场合(如水泥搅拌机、滚筒清砂机、破碎机等)常用滑动轴承。

15.1 摩擦状态

有相对运动的零件,工作时都会有摩擦和磨损。按表面润滑情况将摩擦分为干摩擦、边界摩擦、液体摩擦和混合摩擦。

干摩擦

干摩擦是两摩擦表面间无润滑剂，两固体表面直接接触的摩擦。干摩擦的摩擦阻力最大，$f>0.3$，磨损最严重，零件的使用寿命最短。

边界摩擦

摩擦表面间有润滑油存在，由于吸附作用，在金属表面上形成了一层极薄的边界油膜。因为油膜厚度小于 1 微米，不足以将两金属表面分隔开，所以仍会产生摩擦，这种摩擦称为边界摩擦。油膜虽不能绝对消除表面磨损，但可以起减轻磨损的作用。

液体摩擦

两摩擦表面完全被润滑油隔开，形成厚度达几十微米的压力油膜，它能将相对运动着的两金属表面分隔开，此时只有液体之间的摩擦，故称作液体摩擦。

混合摩擦

在实际使用中，两摩擦表面处于干摩擦、边界摩擦、液体摩擦的混合状态，称为混合摩擦，也称非液体摩擦，又称为混合润滑。

15.2 滑动轴承的结构型式

按承受载荷的方向将滑动轴承分类如下：

(1)向心(径向)滑动轴承——主要承受径向载荷 F_r。

(2)推力滑动轴承——主要承受轴向载荷 F_a。

向心滑动轴承

剖分式的向心滑动轴承具有以下特点：

(1)可正剖、斜剖，装拆方便。

(2)磨损后可调整间隙。

(3)结构复杂。

轴瓦是滑动轴承中的重要零件。轴瓦在非承载区开有油孔，以便于导入润滑油，轴瓦内表面开有油沟，以利于输导润滑油均匀分布在整个轴颈上，但油沟不得开到端部，以避免润滑油的泄漏。油沟形式有一字形、×字形和王字形等。轴瓦宽度 B 与轴颈直径 d 的比称为宽径比，非液体润滑时 $B/d=0.5\sim1$，液体润滑时 $B/d=0.8\sim1.5$。

推力滑动轴承

类型
- 固定式——倾角固定，顶部预留平台
- 固定式——倾角随载荷、转速自行调整，性能好

15.3 轴瓦及轴承衬材料

根据轴承的工作情况，轴瓦材料需满足以下要求：

(1)摩擦系数小。

(2)导热性好，热膨胀系数小。

(3)耐磨、耐腐蚀、抗胶合能力强。

(4)要有足够的机械强度和可塑性。

同时满足上述要求的材料很难找，通常是采用两层不同的金属做成轴瓦，粘附上去的薄层材料称为轴承衬。

常用的轴瓦和轴承衬材料有下面几种。

1. 轴承合金

轴承合金有锡锑轴承合金和铅锑轴承合金两大类。其中锡锑轴承合金摩擦系数小、抗胶合性能良好、对油的吸附性强、耐腐蚀性能好、易跑合。但其价格较贵，且高温时机械强度较差。常用于高速、重载的情况，只能作为轴承衬材料(浇注在钢、铸铁或青铜轴瓦上)。铅锑轴承合金的性能与锡锑轴承合金相近，但其材料较脆。一般用于中速、中载，不宜承受较大的冲击载荷，只能作为轴承衬材料。

2. 青铜

青铜的强度高、承载能力大，耐热性与导热性优于轴承合金。但其可塑性差、不易跑合，故对应的轴颈应淬火。可以直接制成轴瓦，也可作轴承衬材料浇注在钢、铸铁上。

3. 具有特殊性能的轴承材料

用粉末冶金法做成的轴承可用于加油不方便的场合。使用前需在热油中浸渍几小时，使孔隙中充满润滑油。使用时由于温升润滑油进入摩擦表面。灰铸铁或耐磨铸铁可用于不重要或低速轻载的轴承中。橡胶轴承具有较大的弹性，能减轻振动使运转平稳，可用水润滑。常用于潜水泵、沙石清洗机、钻机等有泥沙的场合。塑料轴承具有摩擦系数低、可塑性、跑合性良好、耐磨、耐腐蚀、可用水、油及化学溶液等润滑的优点。但其导热性差、膨胀系数大、容易变形(为改善此缺陷，可作为轴承衬粘复在金属轴瓦上使用)。

15.4 润滑剂和润滑装置

润滑剂

轴承润滑的目的在于降低摩擦功耗，减少磨损；同时冷却、吸振、防锈。润滑剂分为液体润滑剂(润滑油)、半固体润滑剂(润滑脂)及固体润滑剂。

1. 润滑油

粘度是润滑油最重要的物理性能，是选择润滑的主要依据。它表示流体抵抗剪切应力的能力，是衡量流体内摩擦阻力大小的指标。黏度越大，内摩擦阻力越大，液体流动性越差，黏度分动力黏度 η 和运动黏度 ν，它们之间的关系是

$$v=\frac{\eta}{\rho}$$

其中，ρ 为液体密度。

润滑油的粘度是随温度的升高而降低的，同时粘度随压力的升高而增大，当压力不高时（小于 100 个大气压），变化极小。对于载荷大、温度高、速度低的轴承应选粘度大的油，而对于载荷小、温度低，速度高的轴承选粘度小点的油。

2. 润滑脂

润滑脂是由润滑油和各种稠化剂（如钙、钠、铝、锂等金属皂）混合稠化而成的。具有无流动性、可在滑动表面形成一层薄膜、承载能力大、性能不稳定、摩擦功耗大等特点。多用于难以经常供油、低速重载、冲击、温度变化不大、摆动运动的场合。

3. 固体润滑剂

如 C（石墨）、MoS2、PTFE（聚四氟乙烯）等。一般在超出润滑油使用范围之外才考虑使用，如高温、低速重载。

润滑装置

滑动轴承的给油方法主要是用油杯供油，如添加润滑油的针阀式油杯、添加润滑脂的旋盖式油杯等。最完善的给油方法是用油泵循环供油。

15.5 非液体摩擦滑动轴承的计算

非液体摩擦滑动轴承的主要失效形式是磨损和胶合。其设计的准则是维持边界膜不遭破坏，主要进行压强 p、压强与速度乘积 pv 的验算。

向心轴承

轴承的压强应满足

$$p=\frac{F}{Bd}\leqslant[p]$$

F 为轴承径向载荷，B 为轴瓦宽度，d 为轴颈直径。

轴承的 pv 值应满足

$$pv=\frac{F}{Bd}\cdot\frac{\pi dn}{60\times1000}\leqslant[pv]$$

其中，n 为轴的转速。

轴承的速度应满足

$$v=\frac{\pi dn}{60}\leqslant[v]$$

推力轴承

推力轴承应满足

$$p=\frac{F}{z\,\frac{\pi}{4}(d_2^2-d_1^2)}\leqslant[p]$$

$$pv_m\leqslant[pv]$$

其中，z 为轴环数。

15.6 动压润滑的基本原理

动压润滑的形成原理和条件

借助相对运动而在轴承间隙中形成压力油膜的润滑方法就是动压润滑。形成动压油膜的必要条件是：

(1)两工作表面必须形成楔形空间。

(2)两工作表面间必须连续充满润滑油或其他黏性液体。

(3)两工作表面必须有相对运动，且运动方向必须保证润滑油从大端流入，小端流出。

液体动压润滑的基本方程

液体动压润滑的基本方程，由水力学家雷诺于 1886 年导出，也称一维雷诺方程，即

$$\frac{\mathrm{d}p}{\mathrm{d}x}=6\eta v\,\frac{(h-h_0)}{h^3}$$

其中，η 为润滑油粘度，p 为两平板之间的油膜压力，v 为相对运动速度，h 为油膜厚度。当 $h=h_0$ 时，p 最大。利用上式，可求出油膜中各点的油膜压力 p，全部油膜压力之和即为油膜承载能力 P。正常工作时，油膜承载能力 P 应与外载荷 F 相平衡。

15.7 向心动压轴承的几何关系与承载量的计算

向心动压轴承的几何参数

轴承和轴颈的连心线 OO_1 与外载荷 F_r 的方向形成一偏位角 φ_a，轴承孔和轴颈直径分别用 D 和 d 表示，半径分别用 R 和 r 表示，如图 15-1 所示。

直径间隙：　　$\Delta=D-d$

半径间隙：　　$\delta=R-r=\Delta/2$

相对间隙：　$\psi=\Delta/d=\delta/r$

偏心率：　$\chi=e/\delta=e/(R-r)$

最小油膜厚度：　$h_{min}=\delta-e=\delta(1-\chi)=r\psi(1-\chi)$

任意位置的油膜厚度：　$h=\delta(1+\chi\cos\varphi)=r\psi(1+\chi\cos\varphi)$

压力最大处的油膜厚度：　$h_0=\delta(1+\chi\cos\varphi_0)$

任意位置的压力：　$p_\varphi=6\eta\dfrac{\omega}{\psi^2}\displaystyle\int_{\varphi_1}^{\varphi}\dfrac{\chi(\cos\varphi-\cos\varphi_0)}{(1+\chi\cos\varphi)^3}\mathrm{d}\varphi$

把所有 p_φ 在外载荷方向的分量相加(积分)，即可得到单位宽度的油膜承载能力。再把全宽度上的承载能力相加(积分)，可得总承载能力 F_r。考虑轴承有端泄，即两端的油压为零，油压沿宽度呈抛物线分布，且最大油压也有所降低。

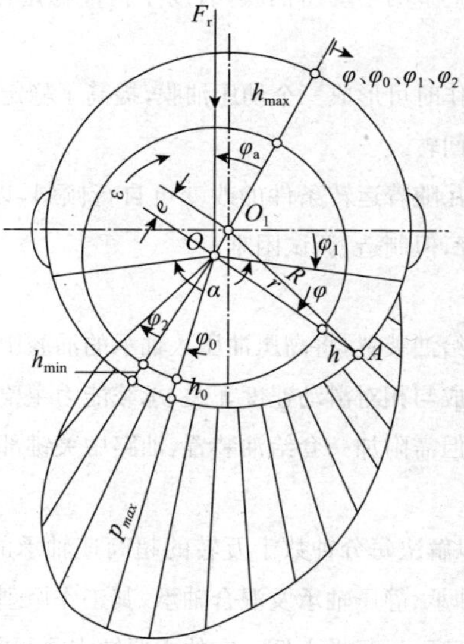

图 15-1

由此得　$F_r=\dfrac{\eta\omega\mathrm{d}B}{\psi^2}C_P$

或　$C_P=\dfrac{F_r\psi^2}{\eta\omega\mathrm{d}B}=\dfrac{F_r\psi^2}{2\eta vB}$

其中，C_P 为承载量系数；η 为润滑油在轴承平均工作温度下的动力粘度；B 为轴承宽度；F_r 为外载荷；v 为轴颈圆周速度。

最小油膜厚度 h_{min}

在其他条件不变的情况下，h_{min} 越小，则偏心率 χ 越大，轴承的承载能力就越大。然而，最小油膜厚度是不能无限缩小的，因为它受到轴颈和轴承表面粗糙度、轴的刚性及轴承与轴颈的几何形状误差等的限制。为确保轴承能处于液体摩擦状态，最小油膜厚度必须大于或等于许用油膜厚度[h]，即

$$h_{\min}=r\psi(1-\chi)\geqslant[h]$$

$$[h]=S(R_{z1}+R_{z2})$$

其中，分别为轴颈和轴瓦孔表面微观不平度的十点平均高度，S 为安全系数。

15.8 液体动压多油楔轴承与静压轴承简介

多油楔滑动轴承

多油楔滑动轴承是相对于圆轴承形成的单油楔而言的。多油楔可形成多个动压油膜，以提高轴承的工作稳定性和旋转精度。

(1)椭圆轴承：工作时形成上下两个动压油膜，有助于提高稳定性，但摩擦损耗大、供油量大、承载能力降低。

(2)固定式三油楔轴承：工作时可形成三个动压油膜，提高了稳定性和旋转精度，但摩擦损耗大、油耗大、承载力低，只能单方向回转。

(3)可倾式多油楔轴承：轴瓦随着运转条件的改变可自行倾斜，以保证时时处于最佳工作状态。其稳定性、旋转精度和抗振性好，但制造、调试困难。

静压轴承

液体静压轴承是依靠一套给油装置，将高压油压入轴承的油腔中，强制形成油膜，保证轴承在液体摩擦状态下工作。油膜的形成与相对滑动速度无关，承载能力主要取决于油泵的给油压力。设计合理，可达到很高的旋转精度，但需附加一套给油装置，油路中关键部件是节流器的选用。

空气轴承

利用空气作为润滑剂，可以解决每分钟数十万转的超高速轴承的温升问题。气体润滑轴承（简称气体轴承）也可以分为动压轴承、静压轴承及混合轴承，其工作原理与液体滑动轴承相同。它没有油类污染的危险，而且回转精度高、运行噪声低。它的主要缺点是承载量不能太大和密封较困难。

习题全解

15-1 解题过程 (1)干摩擦。两摩擦表面之间不添加任何润滑剂。

(2)边界摩擦。两摩擦表面之间有润滑油存在，由于润滑油和金属表面的吸附作用，在金属表面形成极薄的边界油膜。

(3)液体摩擦。两摩擦表面之间有充足的润滑油，压力油膜可以把相对运动着的两金属表面分隔开，摩擦系数很小。

15-2 解题过程 查教材表 15-1 知，$[p]=8$ MPa，$[pv]=15$ MPa·m/s。

滑动轴承上的径向载荷为

$$F=\frac{W}{2}=\frac{18000}{2}=9000\text{N}$$

轴瓦宽度为

$$B=1.2d=1.2\times120=144\text{mm}$$

验算压强

$$P=\frac{F}{Bd}=\frac{9000}{144\times120}=0.25\text{MPa}\leqslant[p]$$

验算 pv 值

$$pv=\frac{F}{B_d}\frac{\pi dn}{60\times1000}=\frac{3.14\times9000\times400}{144\times60\times1000}=0.13\text{MPa·m/s}<[pv]$$

15-3 解题过程 查教材表 15-1 可知：$[p]=15\text{MPa}$，$[pv]=15\text{MPa·m/s}$

由

$$p=\frac{F}{Bd}\leqslant[p]$$

得

$$F\leqslant Bd[p]=100\times100\times15=150000\text{N}=150\text{kN}$$

由

$$pv=\frac{F\pi n}{60\times1000B}\leqslant[pv]$$

有

$$F\leqslant\frac{60\times1000B(pv)}{\pi n}=\frac{60\times1000\times100\times15}{3.14\times1200}=23885\text{N}=23.9\text{kN}$$

轴承的主要承载能力由 pv 值确定，最大径向载荷为 $F=23.9\text{kN}$。

15-4 解题过程 压强

$$p=\frac{F}{Bd}=\frac{24200}{44\times55}=10\text{MPa}$$

pv 值

$$pv=\frac{F}{Bd}\frac{\pi dn}{60\times1000}=\frac{3.14\times24200\times300}{44\times60\times1000}=8.64\text{MPa·m/s}$$

查教材表15-1，可选用铸铝青铜 ZCuAl10Fe3，它的$[p]=15\text{MPa}$，$[pv]=12\text{MPa·m/s}$。

15-5 解题过程 液体内部摩擦切应力 τ、液体动力黏度 η 和速度梯度之间的关系如下

$$\tau=\eta\frac{\mathrm{d}u}{\mathrm{d}y}$$

半径间隙为 $\Delta/2$，轴颈的线速度为 u，则速度梯度为

$$\frac{\mathrm{d}u}{\mathrm{d}y}=\frac{u}{\Delta/2}=\frac{2u}{\Delta}$$

摩擦阻力为

$$F_f = \tau A = \eta \frac{2u}{\Delta} \pi d B$$

摩擦阻力矩为

$$T_f = \frac{F_f d}{2} = \eta \pi d^2 B \frac{u}{\Delta}$$

把 $u = \frac{d\omega}{2}$、$\Delta = \psi d$ 代入可得：

$$T_f = \eta \pi d^2 B \frac{\omega d}{2\psi d} = \frac{\pi d^2 B}{2} \frac{\eta \omega}{\psi}$$

15-6 解题过程 略

第十六章 滚动轴承

本章知识要点

(1)轴承代号的含义。
(2)轴承的接触角、寿命、基本额定寿命、基本额定动载荷、当量动载荷等基本概念。
(3)滚动轴承的类型选择和寿命计算。
(4)轴承的组合设计。

知识点归纳

滚动轴承一般由外圈、内圈、滚动体和保持架组成。其中,滚动体与内外圈的材料应具有高的硬度和接触疲劳强度、良好的耐磨性和冲击韧性。保持架一般用低碳钢板冲压制成,高速轴承的保持架多采用有色金属或塑料。

滚动轴承具有摩擦阻力小、启动灵敏、效率高、润滑简便和易于互换等优点,但同时也存在抗冲击能力差和高速时出现噪音的缺点。

16.1 滚动轴承的基本类型和特点

滚动轴承的分类

- 轴承类型
  - 按载荷按方向分
    - 向心轴承
    - 推力轴承
  - 按滚动体
    - 圆柱滚子轴承
    - 圆锥滚子轴承
    - 球面滚子轴承
    - 滚针轴承
  - 按形状分
    - 球轴承
    - 滚子轴承

滚动体与外圈触处的法线与垂至于轴承轴心线的平面之间的夹角 α 称为公称接触角。接触角越大，轴承承受轴向载荷能力越大。

由于结构不同，各类轴承的使用性能也不相同，现说明如下。

1. 承载能力

滚子轴承的承载能力约为球轴承的 1.5 到 3 倍，所以大载荷通常采用滚子轴承。但当轴承内径不大于 20mm 时，滚子轴承和球轴承的承载能力相差不多。角接触轴承可以同时承受径向载荷和轴向载荷，跟接触角的关系如表 16-1 所示。

表 16-1

$\alpha=0°$	$0°<\alpha<45°$	$45°<\alpha<90°$	$\alpha=90°$
滚动体为滚子，则只能承受径向载荷若滚动体为球，可承受一定的轴向载荷	承受径向载荷为主	承受轴向载荷为主	只能承受轴向载荷

2. 极限速度

滚动轴承转速过高会使摩擦面间产生高温，润滑失效，从而导致滚动体回火或胶合破坏。滚动轴承在一定载荷和润滑条件下，允许的最高转速称为极限转速。如果轴承极限转速不能满足要求，可以采取提高轴承精度、适当增大间隙、改善润滑和冷却条件等措施，可以提高极限转速。

3. 角偏差

轴承由于安装误差或轴的变形等，都会引起内外圈中心线发生相对倾斜，其倾斜角称为角偏差。角偏差较大时会影响轴承正常运转，故在这种场合应采用调心轴承。滚针轴承对轴线倾斜最敏感，应尽可能避免在轴线有倾斜的情况下使用。

16.2 滚动轴承的代号

我国的滚动轴承代号是由基本代号、前置代号和后置代号构成的，其排列顺序如表 16-2 所示。

表 16-2

<table>
<tr><th>前置代号(□)</th><th colspan="5">基本代号</th><th colspan="5">后置代号(□或加 x)</th></tr>
<tr><td rowspan="3">轴承分部性代号</td><td>x(□)</td><td>x</td><td>x</td><td>x</td><td>x</td><td rowspan="3">内部结构代号</td><td rowspan="3">密封与防尘结构代号</td><td rowspan="3">保持架及其材料代号</td><td rowspan="3">公差等级代号</td><td rowspan="3">游隙代号</td></tr>
<tr><td rowspan="2">类型代号</td><td colspan="2">尺寸系列代号宽</td><td colspan="2" rowspan="2">内径尺寸系列代号</td></tr>
<tr><td>宽(高)度系列代号</td><td>直径系列代号</td></tr>
</table>

1. 基本代号

基本代号表示轴承的基本类型、结构和尺寸。左起第一位是类型代号，第二位是轴承的宽（高）度系列代号，第三位为直径系列代号，后两位表示轴承的公称内径。

2. 前置代号和后置代号

用字母表示成套轴承的分部件。后置代号用字母（或加数字）表示，置于基本代号右边。前置代号和后置代号反映了轴承的结构形状、公差、材料、技术要求等。

16.3 滚动轴承的选择计算

失效形式

滚动轴承受纯轴向载荷时，各滚动体受力相同；而受纯径向载荷 F_r 时，上半圈滚动体不受力。对于 $\alpha=0°$ 的向心轴承，可以导出 $F_{max}\approx\frac{5F_r}{z}$。

其中，z 为轴承的滚动体总数。

滚动轴承的主要形式有疲劳破坏和永久变形。工作过程中，滚动体相对内外圈不断转动，因此滚动体和滚道接触表面受脉动循环变应力，产生疲劳点蚀。当轴承转速很低或间歇摆动时，不会产生疲劳损坏。但很大的静载荷或冲击载荷作用下，会使滚道和滚动体产生永久变形，从而使轴承在运转过程中产生剧烈振动和噪音而失效。

轴承寿命

轴承寿命是指轴承在一定转速下，其中任何零件出现疲劳扩展迹象之前的工作小时数。一组相同轴承能达到或超过规定寿命的百分比称为可靠度。常用可靠度来度量轴承的可靠性。一组同一型号轴承，在同一运转条件下，其可靠度 R 为 90%时，能达到或超过的寿命 $L(L_h)$ 称为基本额定寿命。在到达额定寿命时，有 90%的轴承没坏，只损坏了 10%。当一套轴承运转达到一百万转时，轴承所能承受的载荷称为基本额定动载荷，记为 C。径向基本额定动载荷记为 C_r，轴向基本额定动载荷记为 C_a。大量试验得到如下关系

$$L=\left(\frac{C}{P}\right)^{\varepsilon}$$

其中，P 为当量动载荷，ε 为寿命指数，球轴承 $\varepsilon=3$，滚子轴承 $\varepsilon=10/3$。

用小时表示为

$$L_h=\frac{10^6}{60n}\left(\frac{C}{P}\right)^{\varepsilon}$$

当温度高于 100℃时，基本额定动载荷 C 会有所降低，故引进温度系数 f_t，考虑到工作中的冲击

和振动会使轴承寿命降低，故又引入载荷系数 f_P，进行修正得寿命计算式为

$$L_h=\frac{10^6}{60n}\left(\frac{f_t C}{f_P P}\right)^{\varepsilon}$$

或

$$C=\frac{f_P P}{f_t}\left(\frac{60n}{10^6}L_h\right)^{1/\varepsilon}$$

当量动载荷的计算

将实际载荷（包含径向载荷与轴向载荷）换算成与试验条件相当的假想载荷称为当量动载荷。其效果与某一个基本额定动载荷 C 相当。其计算公式如下

$$P=XF_r+YF_a$$

其中，X 是径向动载荷系数，Y 为轴向动载荷系数，Fr 为轴承径向载荷，Fa 为轴承轴向载荷。

对于向心轴承，当 $F_a/F_r>e$ 时，可由教材表 16-11 查 X、Y 值；当 $F_a/F_r\leqslant e$ 时，轴向力影响可忽略。e 值列于轴承标准中，其值与轴承类型与 F_a/C_{or} 比值有关。

角接触向心轴承轴向载荷的计算

受力分析如图 16-1 所示，有

$$F_i=F_{si}+F_{ri}$$

$$F_s=\sum F_{si}$$

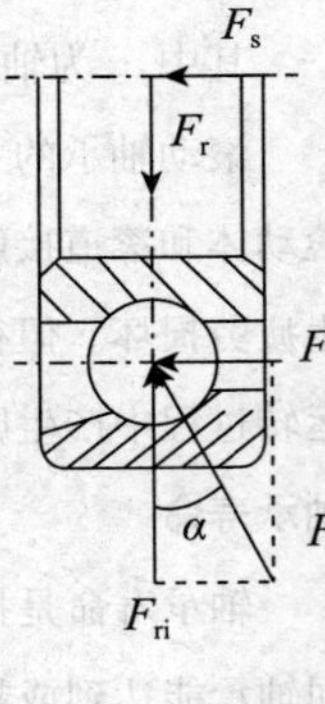

图 16-1

其中，F_s 为轴承的内部轴向力，F_{ri} 为径向分力，F_{si} 为轴向分力。

为使内部轴向力平衡，以免轴窜动，这种轴承应成对使用，对称安装。正装时如图 16-2 所示。

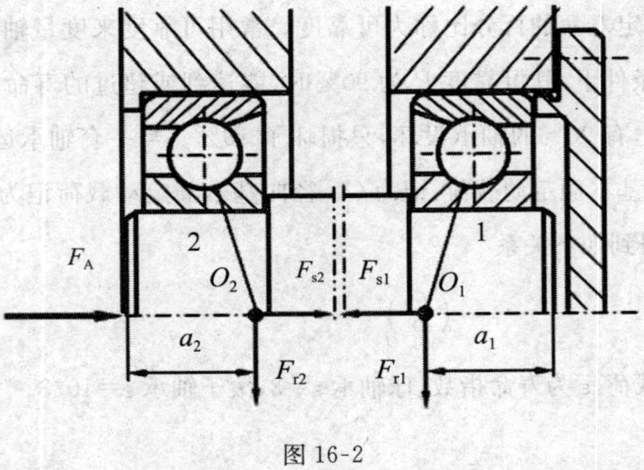

图 16-2

(1)若 $F_A+F_{s2}>F_{s1}$，压紧端：$F_{a1}=F_A+F_{s2}$，放松端：$F_{a2}=F_{s2}$。

(2)若 $F_A+F_{s2}<F_{s1}$，放松端：$F_{a1}=F_{s1}$，压紧端：$F_{a2}=F_{s1}-F_A$。

放松端轴承的轴向载荷等于内部轴向力，压紧端轴承的轴向载荷等于其余轴向力的代数和。

反装时如图 16-3 所示。

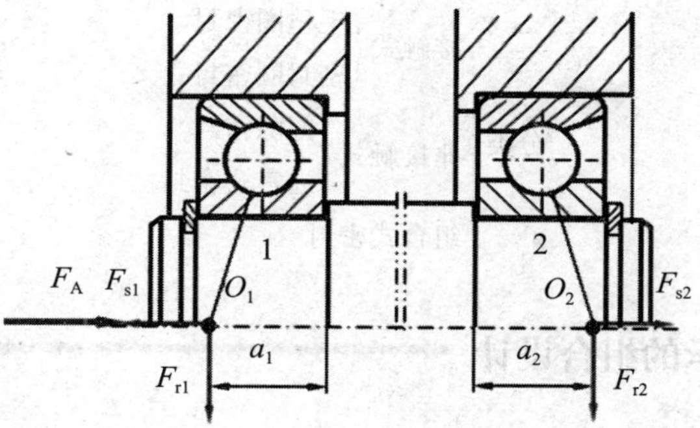

图 16-3

(1)若 $F_A+F_{s2}>F_{s1}$，则有：压紧端：$F_{a1}=F_A+F_{s2}$，放松端：$F_{a2}=F_{s2}$。

(2)若 $F_A+F_{s2}<F_{s1}$，则有：放松端：$F_{a1}=F_{s1}$，压紧端：$F_{a2}=F_{s1}-F_A$。

滚动轴承的静强度计算

对于转速很低或缓慢摆动的滚动轴承，一般不会产生疲劳点蚀，但为了防止滚动体和内、外圈产生过大的塑性变形，应进行静强度校核。GB/T4662—1993 规定，使受载最大的滚动体与内、外圈滚道接触处的接触应力达到某一定值的载荷称为基本额定载荷 C_0，当轴承既受径向力又受轴向力时，可将它们折算成当量静载荷 P_0，满足

$$P_0=X_0F_r+Y_0F_a\leqslant\frac{C_0}{S_0}$$

其中，X_0、Y_0 分别为径向静载荷系数和轴向静载荷系数，S_0 为静强度安全系数。

16.4 滚动轴承的润滑和密封

润滑的目的主要是减小摩擦、减轻磨损，吸振、降温、降噪。密封的目的是防止灰尘、水分进入轴承，阻止润滑剂流失。

滚动轴承的润滑

滚动轴承的润滑剂主要有润滑脂、润滑油和固体润滑剂三类。润滑剂的选择可根据速度因素 dn 确定。速度因素 dn 值间接反映出了轴颈的圆周速度。当 dn<(1.5～2)×10^5 mm·r/min 时，选用脂润滑；超过这一范围时宜采用油润滑。

脂润滑的优点是不容易流失，便于密封和维护，充填一次可运转较长时间。油润滑具有摩擦阻力小、能散热，可在高速、高温环境下使用的特点。

滚动轴承的密封

滚动轴承的密封方式的选择与润滑的种类、工作环境、温度、密封表面的圆周速度有关。其分类

如下：

- 分类
  - 接触式
    - 毛毡圈密封
    - 密封圈密封
  - 非接触式
    - 间隙密封
    - 迷宫式密封
  - 组合式密封

16.5 滚动轴承的组合设计

在进行轴承的组合设计时，要注意处理好轴承与其周围零件之间的关系。而且解决轴承的轴向位置固定、轴承与其他零件的配合、间隙调整、装拆和润滑密封等一系列问题。

轴承的固定

两端固定适用于工作温度变化不大的短轴。考虑到轴因受热而伸长，在轴承盖与外圈端面之间应留出热补偿间隙 c，$c=0.2\sim0.3$mm。

一端固定、一端游动式即一个支点双向固定以承受轴向力、另一端游动，适用于温度变化较大的长轴。

轴承组合的调整

1. 轴承间隙的调整

轴承间隙的调整方法有：靠加减轴承盖与机座间垫片厚度进行调整；利用螺钉 1 通过轴承外圈压盖 3 移动外圈位置进行调整，调整之后，用螺母 2 锁紧防松（如图 16-4 所示）。

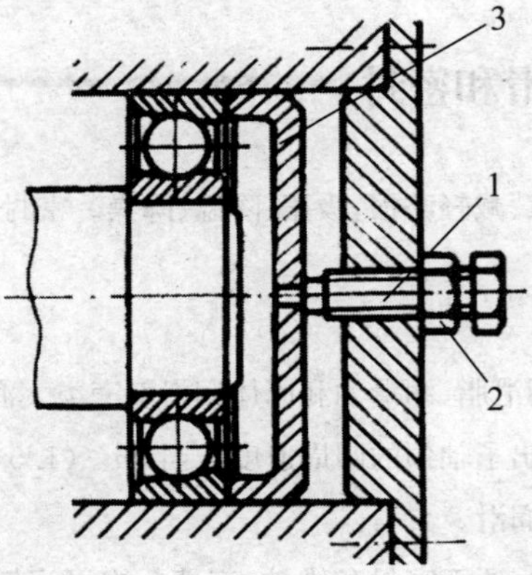

图 16-4

2. 轴承的预紧

对于某些可调游隙的轴承，在安装时给予一定的轴向压紧力，使得内外圈产生相对移动而消除游隙，并在套圈和滚动体接触处产生弹性预变形，借此提高轴的旋转精度和刚度。这种方法称为轴承的预紧。预紧力可以利用金属垫片或磨窄套圈等方法获得。

3. 轴承组合位置的调整

轴承组合位置的调整的目的是使轴上零件(如齿轮、带轮等)具有准确的工作位置。

滚动轴承的配合

轴承的内圈孔与轴的配合采用基孔制，轴承的外圈与轴承座孔的配合采用基轴制。

当外载荷方向固定不变时，内圈随轴一起转动，内圈与轴的配合应选具有过盈的过渡配合，外圈与座孔采用较松的过渡配合。游动支承的外圈与座孔采用有间隙的配合。

轴承的装拆

设计轴承组合时，应考虑有利于轴承装拆，以便在装拆过程中不致损坏轴承和其他零件。为方便拆卸，轴上定位轴肩的高度应小于轴承内圈的高度。

习题全解

16-1 解题过程 6005：深沟球轴承，窄宽度，特轻系列，内径 $d=25$mm，普通精度等级为 0 级。适用于轴向载荷小的场合。

N209/P6：圆柱滚子轴承，窄宽度，轻系列，内径 $d=45$mm，6 级精度。适用于无轴向载荷，径向载荷较大的场合。

7207C：角接触球轴承，窄宽度，轻系列，内径 $d=35$mm，接触角 $\alpha=15°$，公差等级 0 级，适用于轴向载荷较大的场合。

30209/P5：圆锥滚子轴承，窄宽度，轻系列，内径 $d=45$mm，5 级精度。适用于高速场合，可承受较大的轴向和径向载荷。

16-2 解题过程 载荷平稳 $f_P=1$，室温下 $f_T=1$，球轴承 $\varepsilon=3$，，查手册有 $C=C_r=15.8$kN，，则当 $P=F_r=4$kN 时，则

$$L=\frac{10^6}{60n}\left(\frac{f_TG}{f_PP}\right)^{\varepsilon}=\frac{10^6}{60\times960}\times\left(\frac{1\times15.8}{1\times4}\right)^3=1070\text{h}$$

在此载荷下，该轴承能达到或超过此寿命的概率是 90%。

当 $P=F_r=2$kN 时，有

$$L=\frac{10^6}{60n}\left(\frac{f_TC}{f_PP}\right)^{\varepsilon}=\frac{10^6}{60\times960}\times\left(\frac{1\times15.8}{1\times2}\right)^3=8560\text{h}$$

16-3 解题过程 载荷平稳 $f_P=1$，室温下 $f_T=1$，球轴承 $\varepsilon=3$，当量动载为

$$P=F_r=2000\ \text{N}$$

$$C'_r=\frac{f_P P}{f_T}\left(\frac{60n}{10^6}L_h\right)^{1/\varepsilon}$$

$$=\frac{1\times2000}{1}\times\left(\frac{60\times2000}{10^6}\times8000\right)^{1/3}=19730\ \text{N}=19.7\ \text{kN}$$

查手册可选用轴承 6207，基本额定到载荷为 $C'_T=25.5$ kN，大于计算值，满足要求。

16-4 解题过程 查手册，6313 的 $C_{0r}=56.5\text{kN}$，$C_r=72.2\text{kN}$，则

$$\frac{12.3F_a}{C_{0r}}=\frac{12.2\times2650}{56.5\times10^3}=0.58$$

查教材表 16-2，得 $e\approx0.25$。

$$\frac{F_a}{F_r}=\frac{2650}{5400}=0.49>e$$

故 $X=0.56, Y=1.8$

当量动载荷为

$$P=XF_r+YF_a=0.56\times5400+1.8\times2650=7790\text{N}$$

室温下 $f_T=1$，查教材表 16-10 知，有轻微冲击，$f_P=1.2$，球轴承 $\varepsilon=3$。

$$C'_r=\frac{f_P P}{f_T}\left(\frac{60n}{10^6}L_h\right)^{1/\varepsilon}$$

$$=\frac{1.2\times7790}{1}\times\left(\frac{60\times1250}{10^6}\times5000\right)^{1/3}=67410\text{N}=67.4\text{kN}$$

因所需的 $C'_r<C_r=72.2\text{kN}$，故该轴承合适。

16-5 解题过程 查教材表 16-9 可知，工作温度为 125℃时，$f_T=0.95$，载荷平稳 $f_P=1$。

选用球轴承时，$\varepsilon=3$，即

$$C'_r=\frac{f_P P}{f_T}\left(\frac{60n}{10^6}L_h\right)^{1/\varepsilon}$$

$$=\frac{1\times5880}{0.95}\times\left(\frac{60\times1000}{10^6}\times5000\right)^{1/3}=41.4\text{kN}$$

查教材附表 1，根据 C'_r 和轴颈 $d=40\text{mm}$，可选球轴承 6408，基本额定动载荷 $C_r=65.5\text{kN}$，选用滚子轴承时，$\varepsilon=10/3$，即

$$C'_r=\frac{f_P P}{f_T}\left(\frac{60n}{10^6}Lh\right)^{1/\varepsilon}$$

$$=\frac{1\times5880}{0.95}\times\left(\frac{60\times1000}{10^6}\times5000\right)^{3/10}=34.3\text{kN}$$

查教材附表 1，根据 C'_r 和轴颈 $d=40\text{mm}$，可选圆柱滚子轴承 N208，基本额定动载荷 $C_r=37.5\text{kN}$。

滚子轴承的载承能力较大，查手册可知，其径向尺寸小。

16-6 解题过程 由题意知，外加轴向力 F_A 已接近 F_{r1}，暂选 $\alpha=25°$的角接触轴承类型 70000AC。

查教材表 16-13 得，轴承的内部派生轴向力

$$F'_1=0.68F_{r_1}=0.68\times1470=1000\ \text{N(方向向左)}$$

$$F'_2=0.68F_{r_2}=0.68\times2650=1802\ \text{N(方向向右)}$$

因

$$F_A+F'_2=1000+1802=2802\ \text{N}>F'_1=1000\ \text{N}$$

轴承 1 被压紧，则有

$$F_{a_1}=F_A+F'_2=1000+1802=2802\ \text{N}$$

轴承 2 被放松，则有

$$F_{a2}=F'_2=1802\ \text{N}$$

查教材表 16-12，$e=0.68$，则有

$$\frac{Fa_1}{F_{r_1}}=\frac{2802}{1470}=1.91>e$$

查教材表 16-12 得 $X_1=0.41,Y_1=0.87$。

$$\frac{F_{a2}}{Fr_2}=\frac{1802}{2650}=0.68=e$$

查教材表 16-12 得 $X_2=1,Y_2=0$。

$$P_1=X_1F_{r_1}+Y_1F_{a1}=0.41\times1470+0.87\times2802=3040\text{N}$$

$$P_2=X_2F_{r_2}+Y_2F_{a2}=1\times2650+0\times1802=2650\text{N}$$

查教材表 16-9，常温下工作，$f_T=1$；查教材表 16-10，有中等冲击，取 $fP=1.5$；球轴承时，$\varepsilon=3$；并取承受载荷较大的轴承 1 的当量动载荷为计算依据，即

$$C'_r=\frac{f_PP}{f_T}\left(\frac{60n}{10^6}L_h\right)^{V\varepsilon}$$

$$=\frac{1.5\times3040}{1}\times\left(\frac{60\times5000}{10^6}\times2000\right)=38.46\text{kN}$$

查手册，根据 C'_r 和轴颈 $d=40$mm，选用角接触球轴承 7308A 合适，基本额定动载荷$C_r=38.5$kN。

16-7 解题过程 正常情况下，$f_T=1$；$f_P=1$，滚子轴承 $\varepsilon=10/3$，当量动载荷为

$$P=F_r=3920\text{N}$$

$$C'_r=\frac{f_PP}{f_T}\left(\frac{60n}{10^6}L_h\right)^{1/\varepsilon}$$

$$=\frac{1\times39200}{1}\times\left(\frac{60\times85}{10^6}\times1250\right)^{310}=68300\text{N}=68.3\text{kN}$$

查手册，根据 C'_r 和轴颈 $d=50$mm，选用圆柱滚子轴承 N310，基本额定动载

荷$C_r=76.0$kN。

16-8 解题过程

$$F_{S1}=\frac{F_{r1}}{2Y}=\frac{4000}{2\times1.7}=1176.5\text{N}$$

$$F_{S2}=\frac{F_{r2}}{2Y}=\frac{5000}{2\times1.7}=1470.6\text{N}$$

F_{s1}，F_{s2}方向如题 16-8 解图所示。

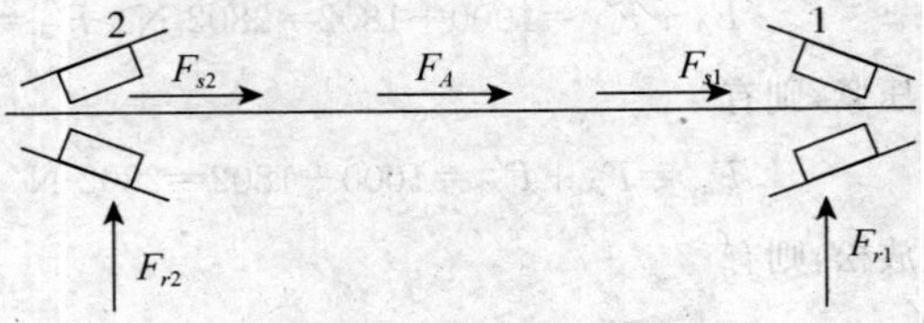

题 16-8 解图

$F_{s2}+F_1=1470.59+2000=3470.6\text{N}>F_{s1}$

轴承 1“压紧”，轴承 2“放松”

$F_{a1}=F_{s2}+F_A=3470.6\text{N}$

$F_{a2}=F_{s2}=1470.6\text{N}$

$\frac{F_{a1}}{F_{s1}}=\frac{3470.6}{4000}=0.87>e, X_1=0.40, Y_1=1.7$

$\frac{Fa_a}{Fr_2}=\frac{1470.6}{5000}=0.29<e, X_2=1, Y_2=0$

$P_1=X_1F_{r1}+Y_1Fa_1=0.4\times4000+1.7\times3470.6=7500\text{N}$

$P_2=X_2F_{r2}+Y_2Fa_2=1\times5000+0\times1470.6=5000\text{N}$

16-9 解题过程 (1)求斜齿轮上的作用力。齿轮传递的转矩为

$$T=9.55\times10^6\ \frac{P}{n}=9.55\times10^6\times\frac{2.6}{384}=6.47\times10^4\ \text{N·mm}$$

分度圆直径为

$$d_1=\frac{m_nZ}{\cos\beta}=\frac{2.5\times17}{\cos16.6^\circ}=44.3\text{mm}$$

圆周力为

$$F_{tl}=\frac{2T}{d_1}=\frac{2\times6.47\times10^4}{44.3}=2920\text{N}$$

径向力为

$$F_{r_1}=\frac{Ft_1\tan\alpha_n}{\cos\beta}=\frac{2920\times\tan20^\circ}{\cos16.5^\circ}=1110\text{N}$$

轴向力为

$$F_{a1}=F_{t1}\tan\beta=2920\times\tan16.5^\circ=865\text{N}$$

(2)求轴承径向载荷。假设小齿轮与大齿轮的啮合点位于小齿轮的上端，如题 16-9 解图所示。

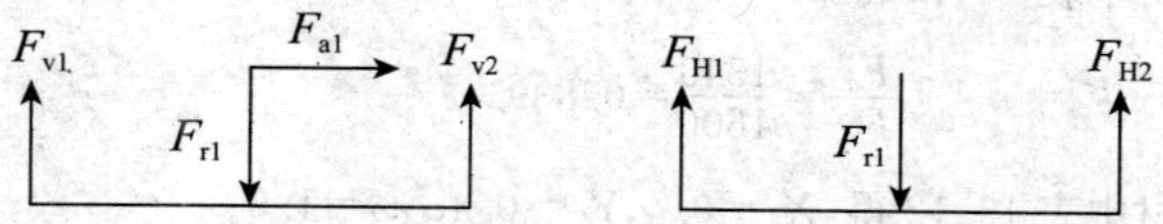

(a)

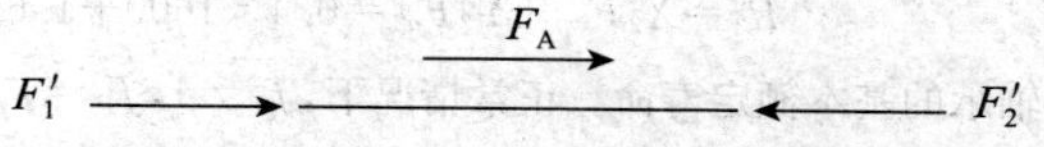

(b)

题 16-9 解图

垂直方向，有 $$F_{v1}=\frac{F_{r1}\times 100-F_{a1}n}{200}=\frac{1110\times 100-865\times 22.2}{200}=459\text{N}$$

$$F_{v2}=F_{r1}-F_{v1}=1110-459=651\text{N}$$

水平方向，有

$$F_{H1}=F_{H2}=Ft_1/2=2920/2=1460\text{N}$$

左端轴承 1 的径向载荷为

$$F_{r1}=\sqrt{F_{v1}^2+F_{H1}^2}=\sqrt{459^2+1460^2}=1530\text{N}$$

右端轴承 2 的径向载荷为

$$F_{r2}=\sqrt{F_{v2}^2+F_{H2}^2}=\sqrt{651^2+1460^2}=1600\text{ N}$$

(3)求轴承的派生轴向力。查教材附表 3，圆锥滚子轴承 30206 的接触角 $\alpha=14°02'10''$，则

$$F'_1=\frac{Fr_1}{2Y}=\frac{1530}{2\times 0.4\times \cot 14°02'10''}=478\text{N}(向右)$$

$$F'_2=\frac{Fr_2}{2Y}=\frac{1600}{2\times 0.4\times \cot 14°02'10''}=500\text{N}(向左)$$

(4)求轴承的轴向力，如题 16-9 解图(b)所示，因 $F_A=F_{a1}=865N$(向右)，$F_1'=478\text{N}$(向右)，$F2'=500\text{N}$(向左)，则

$$F_A+F_1'=865+478=1343\text{N}>F'_2=500\text{N}$$

左端轴承 1 被放松，有

$$F_{a1}=F'_1=478\text{N}$$

右端轴承 2 被压紧，有

$$F_{a2}=F_A+F'_1=865+478=1343\text{N}$$

(5)求当量动载荷。查教材表 16-12，圆锥滚子轴承 $e=\tan\alpha=\tan 14°02'10''=0.374$。

$$\frac{F_{a1}}{F_{r_1}}=\frac{478}{1530}=0.312<e$$

查教材中表 16-12 得，$X_1=1, Y_1=0$。

$$\frac{F_{a2}}{F_{r_2}}=\frac{1343}{1600}=0.839>e$$

查教材中表 16-12 得，$X_2=0.4, Y_2=0.4\cot\alpha=1.6$。

$$P_1=X_1F_{r_1}+Y_1F_{a1}=1\times1530+0\times478=1530\text{N}$$

$$P_2=X_2F_{r_2}+Y_2F_{a2}=0.4\times1600+1.6\times1343=2789\text{N}$$

(6)求轴承的基本额定寿命。正常情况下，$f_T=1, f_P=1$，滚子轴承 $\varepsilon=10/3$，查教材附表 3，圆锥滚子轴承 30206 的 $C_r=43.2\text{kN}$。

当量动载荷取 $P=P_2=2789\text{N}$，则有

$$L=\frac{10^6}{60n}\left(\frac{f_TC}{f_PP}\right)^{\varepsilon}=\frac{10^6}{60\times384}\left(\frac{1\times43.2\times10^3}{1\times2789}\right)^{10/3}=402070\text{h}$$

16-10 解题过程 图(a)：

(1)要有调整垫片。

(2)缺少挡油板。

(3)与轮毂配合段轴颈长度应比轮毂长小 1 到 2 毫米。

(4)应为角接触球轴承。

(5)轴承安装方向错误。

(6)端盖和轴之间不应该接触。

(7)应加密封圈。

(8)轴承不能轴向定位。

(9)缺少轴向固定，加轴肩。

(10)键连接应完全伸出轴承端盖，且距端盖有一定距离。

图(b)：

(1)箱体上与轴承端盖接触面应有凸台，减少加工的面积。

(2)应该有调整垫片。

(3)缺少挡油板。

(4)同一轴上的键应在同一母线上。

(5)与轮毂配合段轴颈长度应比轮毂长小 1 到 2 毫米。

(6)轴承外圈过定位，内侧肩环取消。

(7)端盖和轴之间不应该接触。

(8)应加密封圈。

(9)轴承缺少轴向定位，采用套筒定位。

(10)轴端挡圈固定,轴颈应缩进轮毂 1 到 2 毫米。

(11)传动件应该在箱体中间。

16-11 解题过程 如题 16-11 解图所示为轴承外圈窄边相对安装的轴系结构。按示例①所示,指出其他错误(不少于 7 处)(注:不考虑轴承的润滑方式以及图中的倒角和圆角)。

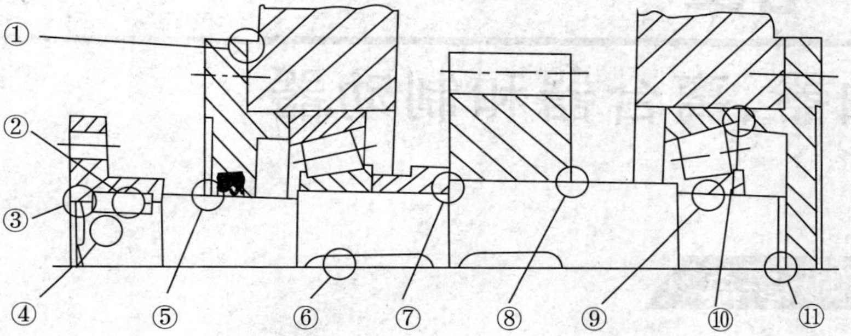

题 16-11 解图

①——缺少调整垫片; ②——轮毂键槽不对;

③——与齿轮处键槽的位置不在同一角度上; ④——键槽处表达不正确(应该局部剖视);

⑤——端盖孔与轴径间无间隙; ⑥——多一个键;

⑦——齿轮左侧轴向定位不可靠; ⑧——齿轮右侧无轴向定位;

⑨——轴承安装方向不对; ⑩——轴承外圈定位超高;

⑪——轴与轴承端盖相碰。

16-12 解题过程 轴向力:$F_{S\mathrm{I}}+F_A=2430+1000=3430\mathrm{N}>F_{S\mathrm{II}}$

轴承Ⅰ被放松 $F_{a\mathrm{I}}=F_{S\mathrm{I}}=2430\mathrm{N}$

轴承Ⅱ被压紧 $F_{a\mathrm{II}}=F_{S\mathrm{II}}=3430\mathrm{N}$

当量动载荷

$F_{a\mathrm{I}}/F_{r\mathrm{I}}=2430/9000=0.27<e$

$X_{\mathrm{I}}=1$ $Y_{\mathrm{I}}=0$

$P_{\mathrm{I}}=X_{\mathrm{I}}F_{r\mathrm{I}}=9000\mathrm{N}$

$F_{a\mathrm{II}}/F_{r\mathrm{II}}=3430/5000=0.686>e$

$X_{\mathrm{II}}=0.4$ $Y_{\mathrm{II}}=1.88$

$P_{\mathrm{II}}=X_{\mathrm{II}}F_{r\mathrm{II}}+Y_{\mathrm{II}}F_{a\mathrm{II}}=0.4\times5000+1.88\times3430=12672.6\mathrm{N}$

第十七章

联轴器、离合器和制动器

本章知识要点

(1)常用联轴器、离合器和制动器的类型、结构特点及其应用。

(2)凸缘联轴器中螺栓连接(普通螺栓连接、铰制孔螺栓连接)的选择、强度校核计算。

知识点归纳

17.1　联轴器、离合器的类型和应用

联轴器和离合器主要将两根轴连接在一起,使它们一起旋转并传递扭矩。其中联轴器用于刚性静态连接;而离合器则用于两轴之间的动态连接。分类情况如下:

- 联轴器
  - 刚性联轴器
    - 固定式联轴器
    - 移动式联轴器
  - 弹性联轴器
- 离合器
  - 牙嵌式离合器
  - 摩擦式离合器
  - 电磁离合器
  - 自动离合器

联轴器和离合器大都已经标准化了,可直接选用。联轴器和离合器的计算转矩可按下式确定

$$T_c = K_A T$$

其中 K_A 为工作情况系数,T 为名义转矩。

17.2 固定式刚性联轴器

固定式刚性联轴器不能补偿两轴的位移，不能缓冲吸振。最常用的是凸缘联轴器。凸缘联轴器结构简单、可传递较大转矩，常用于转速低、转矩大、轴的刚性大、对中性较好的场合。

17.3 可移式刚性联轴器

可移式刚性联轴器的组成零件间构成的动连接具有一个或几个方向的活动度，能补偿两轴的位移，但不能缓冲吸振。常用的有齿式联轴器、滑块联轴器、万向联轴器等。

(1)齿式联轴器的优点是可以传递很大的转矩和补偿适量的综合位移，但其结构笨重、造价较高，常用于重型机械中。

(2)滑块联轴器具有结构简单，制造容易、尺寸紧凑等特点，常用于转速不高、无剧烈冲击的场合。

(3)万向联轴器用于传递两相交轴之间的动力和运动，而且在传动过程中，两轴之间的夹角还可以改变。广泛应用于汽车、机床等机械传动系统中。

17.4 弹性联轴器

弹性套柱销联轴器的外观与凸缘联轴器相似，用带橡胶弹性套的柱销连接两个半联轴器。

弹性柱销联轴器是用尼龙制成的柱销置于两个半联轴器凸缘的孔中。具有结构简单、能缓和冲击、吸收振动等特点，适用于正反向变化多、启动频繁的高速轴。

梅花型弹性联轴器的特点是两半联轴器间放置梅花型非金属弹性元件。弹性活块联轴器的特点是两半联轴器间放置非金属弹性元件，各元件间不相连。具有较大径向和角向补偿量，公称转矩和许用转速也较大。轮胎式联轴器允许的相对位移较大，适用于启动频繁、正反向运转、有冲击振动、两轴间有较大的相对位移量以及潮湿多尘之处。其径向尺寸庞大，轴向尺寸较窄，利于缩短串接机组的总长度。

17.5 牙嵌离合器

牙嵌离合器由端面带牙的固定套筒、活动套筒和对中环组成。工作时利用操纵杆移动滑环，实现两套筒的结合与分离。牙嵌离合器牙的形状有三角形、梯形和锯齿形。三角形牙传递中小转矩，梯形、锯齿形牙可传递较大的转矩。梯形牙可以补偿磨损后的牙侧间隙，锯齿形牙只能单向工作。制造时各牙应精确等分，以使载荷均匀分布。牙嵌离合器的结构简单、外廓尺寸小，能传递较大的转矩。

17.6 圆盘摩擦离合器

圆盘摩擦离合器具有以下优点：

(1)在任何转速条件下，两轴都可以进行结合。

(2)过载时打滑，起保护作用。

(3)结合平稳、冲击和振动小。

但其在接合过程中不可避免出地现打滑现象，引起磨损和发热。圆盘摩擦离合器有单片式和多片式两种。

单片式圆盘摩擦离合器由固定圆盘、活动圆盘和滑环组成，工作时移动滑环，可实现两圆盘的结合与分离，靠摩擦力带动从动轴转动。其可传递的最大转矩为

$$T_{\max}=F_a fR_f$$

多片式圆盘摩擦离合器有多个摩擦片，工作时移动滑环，通过杠杆作用，压紧或放松磨擦片，来实现两轴的结合与分离。其工作时能传递的最大转矩和作用在摩擦面上的压强为

$$T_{\max}=zF_{\mathrm{a}}FfR_f=\frac{zF_{\mathrm{a}}f(D_1+D_2)}{4}\geqslant K_A T$$

$$p=\frac{4F_{\mathrm{a}}}{\pi(D_1+D_2)}\leqslant[p]$$

其中，D_1、D_2 分别为外摩擦片的内径和内摩擦片的外径；z 为摩擦面数目；F_{a} 为轴向压力；K_A 为工作情况系数。

17.7 磁粉离合器

磁粉离合器具有如下优点：

(1)励磁电流 I 与转矩 T 呈线性关系，转矩调节简单而且精确，调节范围宽。

(2)可用作恒张力控制，是造纸机、纺织机、印刷机、绕线机等的理想装置。

(3)若将主动件固定，则可作制动器使用。

(4)操纵方便、离合平稳、工作可靠。

但其相对也比较笨重。

17.8 定向离合器

滚柱式定向离合器由星轮、外环、滚柱、弹簧推杆等零件组成，滚柱在弹簧推杆作用下处于半楔紧状态。工作时，当外环逆时钟转动时，以摩擦力带动滚柱向前滚动，进一步楔紧内外接触面，从而驱动星轮一起旋转；当外环反向转动时，则带动滚柱克服弹簧力而滚到楔形空间的宽敞位置，离合器处于分离状态。

楔块式定向离合器由内环、外环、楔块、支撑环、拉簧等零件组成。工作时，当外环顺时钟方向旋转时，楔块克服弹簧力而作顺时钟方向摆动，从而在内外环间越楔越紧，离合器处于结合状态；反向时，斜块松开而成分离状态。

17.9 制动器

制动器是用来降低机械运转速度或停止运转的装置，广泛应用于车辆、起重机等机械中。

块式制动器

块式制动器由瓦块、制动轮等零件组成，工作时通电松开，断电后靠弹簧拉力实现制动。

如图 17-1 所示，F_N 为瓦块压向制动轮时的反力。

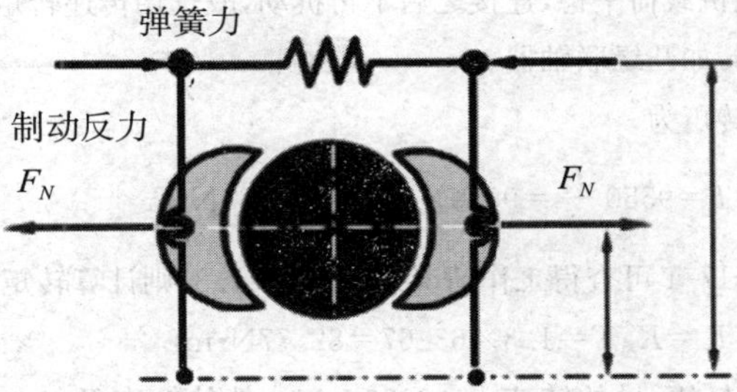

图 17-1

有 $F_N = 0.95FH/h$

制动力矩 $T = F_N f D$

带式制动器

如图 17-2 所示，工作时在外力的作用下，闸带收紧抱住制动轮实现制动。计算时，设制动力矩为 T，圆周力为 F，制动轮直径为 D，则

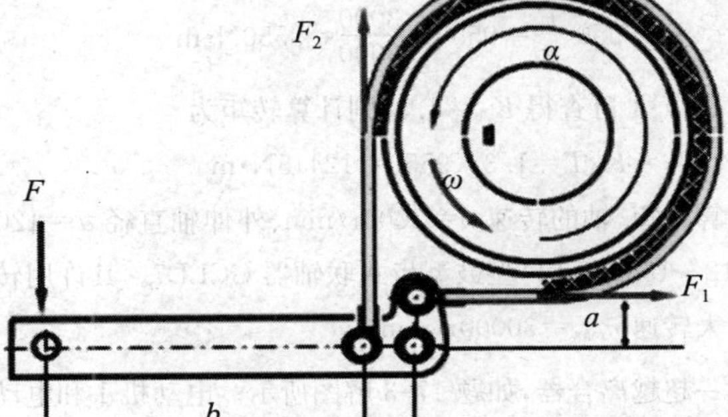

图 17-2

圆周力　　　　　$F_t=\dfrac{2T}{D}$

制动力　　　　　$F=\dfrac{a}{a+b}(F_2+F_1)=\dfrac{2T}{D}\dfrac{a}{a+b}\dfrac{ef\alpha+1}{ef\alpha-1}$

内张蹄式制动器

内张蹄式制动器结构紧凑，容易密封以保护摩擦面，常用于安装空间受限的场合，如车辆的制动。

习题全解

17-1 解题过程　(1)选择型号：因该类机组一般为中小型，所需传递的功率中等，轴的弯曲变形较小，直流发电机载荷平稳，连接之后不再拆动，故选用传递转矩大、结构简单的固定式刚性联轴器，如凸缘联轴器。

(2)传递转矩为

$$T=9550\frac{P}{n}=9550\times\frac{20}{3000}=63.67\text{N}\cdot\text{m}$$

由教材表17-1 可查得工作情况系数 $K_A=1.3$，则计算转矩为

$$T_c=K_AT=1.3\times63.67=82.77\text{N}\cdot\text{m}$$

根据计算转矩、轴的转速 $n=3000$r/min、外伸轴直径 $d=45$mm，查手册，可用标准GB5843－1986 铰制孔型凸缘联轴器 YL9。其许用转矩为$[T]=400$N•m，许用最大转速 $n_{\max}=4100$r/min。其他主要尺寸：螺栓孔中心所在圆直径 $D_0=115$mm，6 只 M10 螺栓。

17-2 解题过程　(1)选择型号：因汽轮发电机组的转子较重，传递的转矩特大，轴有一定的弯曲变形，工作环境为高温高压蒸汽，轴有伸长，故选用耐温的齿式联轴器。

(2)转矩 T 为

$$T=9550\frac{P}{n}=9550\times\frac{3000}{3000}=9550\text{N}\cdot\text{m}$$

由教材表17-1 可查得 $K_A=1.3$，则计算转矩为

$$T_c=K_AT=1.3\times9550=12415\text{N}\cdot\text{m}$$

根据计算转矩、轴的转速 $n=3000$r/min、外伸轴直径 $d=120$mm，查手册，可用标准ZB19012—1989GCLD 型鼓型齿式联轴器 GCLD7。其许用转矩为$[T]=14000$N•m，许用最大转速 $n_{\max}=30000$r/min。

17-3 解题过程　可选用一超越离合器，如题 17-3 解图所示。电动机 1 和电动机 2 的转速是相同的，但电动机 1 经过蜗杆蜗轮传动后，转速降至 ω_1，并有 $\omega_1<\omega_2$。当两电机同时开动时，因 $\omega_1<\omega_2$，超越离合器松开，ω_1 传不到 O_2 轴上，O_2 轴由电机 2 带动。若电动机

1 开动后，再停止电动机 2，那么当电动机 2 停止转动时，$\omega_2=0$，$\omega_1>\omega_2$，超越离合器被滚珠楔紧带动 O_2 轴旋转，所以任何时间都不会卡死。

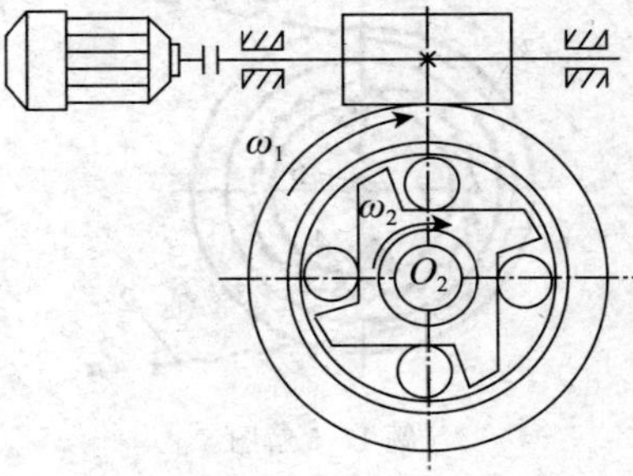

题 17-3 解图

17-4 解题过程 转矩 T 可计算为

$$T=9550\frac{P}{n}=9550\times\frac{1.7}{500}=32.47\text{N}\cdot\text{m}$$

由表17-1 可查得，$K_A=1.5$，则计算转矩为

$$T_c=K_AT=1.5\times32.47=48.7\text{N}\cdot\text{m}$$

由 $$T_{\max}=\frac{zfF_2(D_1+D_2)}{4}\geqslant T_c$$

得 $$z\geqslant\frac{4T_c}{fF_a(D_1+D_2)}$$

由教材表 17-2 查得 $f=0.05$，将 $D_1=80\text{mm}$，$D_2=120\text{mm}$，$F_a=2000\text{N}$，$T_c=48.7\text{N}\cdot\text{m}$ 代入上式得

$$z\geqslant\frac{4\times48.7}{0.05\times2000\times(80+120)/1000}=9.47$$

摩擦面数为 10。主动摩擦片为 6 片，从动摩擦片为 5 片时，摩擦面数 $z=6+5-1=10$，即可实现。

查教材中表 17-2，取$[p]=0.60\text{MPa}$，则

$$p=\frac{4F_a}{\pi(D_2^2-D_1^2)}=\frac{4\times2000}{3.14\times(120^2-80)}=0.32\text{MPa}<[p]$$

满足要求。

17-5 解题过程 如题 17-5 解图所示，自行车从动链轮与内棘 3 相固联，棘爪 4 通过弹簧始终与棘齿啮合。当脚蹬踏板顺时转动时，经主动链轮 1、链条 2 带动从动链轮 3 顺时针转动，再通过棘爪 4 使后轮轴 5 顺时转动，驱动自行车前行。自行车前进时，如果脚踏板不动，从动链轮（内棘轮）不转，后轮轴 5 便超越内棘轮 3 而转动，棘爪 4 在棘轮齿背上滑过，从而实现不蹬脚踏板自行滑行。

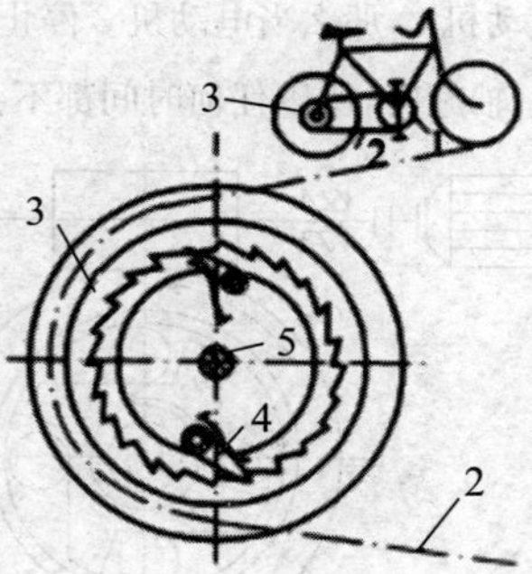

题 17-5 解图

17-6 解题过程 自动离心离合器的工作原理是：活动瓦块在离心惯性力的作用下克服弹簧拉力压紧鼓轮内壁，当输入轴转速达到一定值时，压紧力所产生的摩擦力矩克服外力矩后，离合器处于接合状态。所以离合器所能传递的转矩与轴的转速之间的关系为

$$T=f[m\omega_r^2(r+\lambda)/1000-k\lambda](r+\lambda)/1000$$

则

$$\omega_r=\sqrt{\frac{\frac{1000T}{f(r+\lambda)}+k\lambda}{m(r+\lambda)1000}}=\sqrt{\frac{\frac{1000\times13.5}{0.4\times(50+12)}+3\times12}{1.5\times(50+12)/1000}}=79\text{rad/s}$$

当输入轴的角速度为 $\omega_r=79\text{rad/s}$ 时，传递转矩 $T=13.5\text{N}\cdot\text{m}$。

第十八章 弹　簧

本章知识要点

(1)圆柱螺旋拉伸、压缩弹簧的应力和变形分析方法。

(2)圆柱螺旋拉伸、压缩弹簧的结构尺寸确定。

知识点归纳

18.1　弹簧的功用和类型

弹簧的主要功用如下：

(1)控制机构运动或零件的位置。

(2)缓冲吸振。

(3)存储能量。

(4)测量力的大小。

弹簧的分类如下：

- 分类
  - 螺旋弹簧
  - 环形弹簧
    - 按形状分
      - 圆柱形弹簧
      - 截锥形弹簧
    - 按受载分
      - 拉伸弹簧
      - 压缩弹簧
      - 扭转弹簧
  - 碟形弹簧
  - 平面涡圈弹簧
  - 板弹簧

18.2 圆柱螺旋拉伸、压缩弹簧的应力与变形

弹簧的应力

如教材图 18-3 所示，轴向力 F 作用在弹簧的轴线上，弹簧丝是圆截面的，直径为 d，弹簧中径为 D_2，螺旋升角为 α。认为通过弹簧轴线的截面就是弹簧丝的法截面（$\alpha<9°$）。则扭矩 T 在截面上引起的最大扭切应力为

$$\tau'=\frac{T}{W_T}=\frac{F\frac{D_2}{2}}{\frac{\pi d^3}{16}}=\frac{8FD_2}{\pi d^3}$$

若剪力引起的切应力为均匀分布，则切应力为

$$\tau''=\frac{4F}{\pi d^2}$$

弹簧丝截面上的最大切应力为

$$\tau=\tau'+\tau''=\frac{8FD_2}{\pi d^3}+\frac{4F}{\pi d^2}=\frac{8FD_2}{\pi d^3}\left(1+\frac{d}{2D_2}\right)$$

令 $C=\frac{D_2}{d}$，称为旋绕比，则有

$$\tau=\frac{8FC}{\pi d^2}\left(1+\frac{0.5}{C}\right)$$

若计及弹簧丝曲率对扭转剪切应力的影响时，较精确的强度计算为

$$\tau=K\frac{8FC}{\pi d^2}\leqslant[\tau]$$

其中，K 为弹簧的曲度系数，可以按下式计算

$$K=\frac{4C-1}{4C-4}+\frac{0.615}{C}$$

旋绕比 C 是衡量弹簧曲率的重要参数，在其他条件相同时，C 值越小，簧丝内侧剪应力 τ 越小，强度越高。但随着 C 值减小，曲度系数 K 值增大，说明弹簧曲率对剪应力 τ 的影响增加。

弹簧的变形

在轴向载荷作用下，弹簧产生的轴向变形量为

$$\lambda=\frac{8FD_2^3n}{Gd^4}=\frac{8FC^3n}{Gd}$$

使弹簧产生单位变形量所需的载荷称为弹簧刚度 k（也称为弹簧常数），即

$$k=\frac{F}{\lambda}=\frac{Gd^4}{8D_2^3n}=\frac{Gd}{8C^3n}$$

从上式看出，当其他条件相同时，旋绕比 C 越小，弹簧刚度越大，反之，则弹簧刚度越小。

18.3 弹簧的制造、材料和许用应力

弹簧的制造

螺旋弹簧的制造过程包括：卷绕、两端面加工（指压簧）或挂钩的制作（指拉簧和扭簧）、热处理和工艺性试验等。弹簧的卷绕方法有冷卷和热卷两种。为提高弹簧的承载能力，可进行强压处理。但经强压处理的弹簧不宜在高温、变载荷及有腐蚀性介质的条件下应用。受变载荷的压缩弹簧，可采用喷丸处理提高其疲劳寿命。

弹簧的材料

弹簧由于在机械中常承受具有冲击性的变载荷，所以其材料应具有高的弹性极限、疲劳极限、一定的冲击韧性、塑性和良好的热处理性能。常用的材料有优质碳素弹簧钢、合金弹簧钢、有色金属合金。

在选择材料时，要充分考虑载荷条件（载荷的大小及性质、工作温度和周围介质的情况）、功用及经济性等因素。一般应优先采用碳素弹簧钢丝。

弹簧的许用应力

弹簧的许用切应力与弹簧承受载荷的性质有很大关系。弹簧按其载荷性质分为三类：

(1) Ⅰ类——受变载荷作用次数在 10^6 次以上或很重要的弹簧。

(2) Ⅱ类——受变载荷作用次数在 $10^3 \sim 10^5$ 次及受冲击载荷的弹簧或受静载荷的重要弹簧。

(3) Ⅲ类——受变载荷作用次数在 10^3 次以下的，即基本上受静载荷的弹簧。

18.4 圆柱螺旋拉伸、压缩弹簧的设计

结构尺寸和特性曲线

1. 压缩弹簧的结构尺寸

压缩弹簧在自由状态下，各圈之间留有一定间距 δ。其两端有 3/4～5/4 圈并紧，以使弹簧站立平直，这部分不参与变形，称为支承圈或死圈。压缩弹簧的总圈数为

$$n_1 = n + (1.5 \sim 2.5)$$

为使工作平稳，n_1 的尾数取 1/2。

节距 $$t = d + \delta$$

间距 $$\delta \geqslant \frac{\lambda_2}{0.8n}$$

式中 λ_2 为最大工作载荷 F_2 作用时的弹簧变形量。

螺旋升角 $$\alpha = \arctan \frac{t}{\pi D_2}$$

通常 $t \approx (0.3 \sim 0.5) D_2$，即 $\alpha = 5^\circ \sim 9^\circ$。

弹簧丝展开长度 $$L = \frac{\pi D_2 n_1}{\cos\alpha}$$

自由高度 H_0（即未受载时弹簧的高度）

对于两端并紧不磨平的结构

$$H_0 = n\delta + (n_1 + 1)d$$

对于两端并紧磨平的结构

$$H_0 = n\delta + (n_1 - 0.5)d$$

式中，$(n_1+1)d$ 和 $(n_1-0.5)d$ 分别为两种结构压缩弹簧并紧时的高度 H_s。

2. 压缩弹簧的特性曲线

等节距圆柱螺旋弹簧，在弹性变形范围内，其变形和载荷成正比，即两者间为直线关系。

如图 18-1 所示，其中 F_1 为最小工作载荷，$F_1=(0.2\sim0.5)F$，F_2 为最大工作载荷，$F_{\lim}$ 为极限载荷，H_1、H_2、$H_{\lim}$ 分别对应与上述三种载荷作用时的弹簧高度，λ_1、λ_2、$\lambda_{\lim}$ 分别对应于上述三种载荷作用时的轴向变形量。

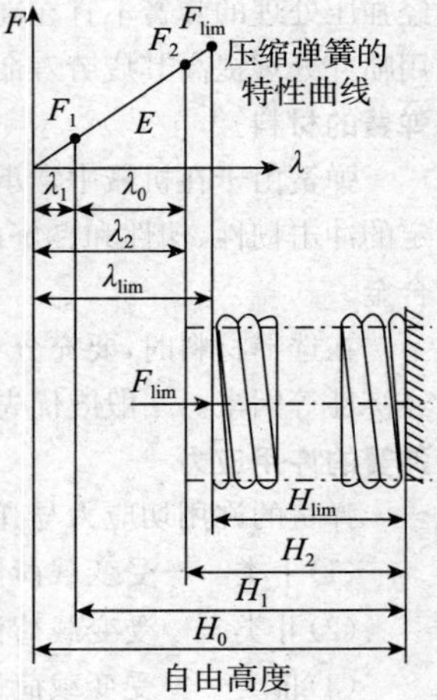

图 18-1

弹簧刚度为

$$k = \frac{F_1}{\lambda_1} = \frac{F_2}{\lambda_2} = \frac{F_2 - F_1}{\lambda_0} = \cdots = \text{常数}$$

3. 拉伸弹簧的结构特点

拉伸弹簧的结构具有如下特点：

(1)各圈相互并紧 $\delta=0$。

(2)制作完成后具有初拉力。

(3)端部做有拉钩，以便安装和加载。

拉伸弹簧端部有挂钩，便于安装和加载，挂钩的形式有半圆钩环型、圆钩环型、转钩和可调转钩。拉伸弹簧的结构尺寸计算与压缩弹簧相同，计算弹簧丝展开长度和弹簧自由高度时应把挂钩部分的尺寸计入。

设计计算步骤

弹簧的设计要满足以下要求：有足够的强度；符合载荷—变形特性曲线的要求（即刚度条件）；不侧弯等。

设计计算步骤如下：

(1)选择弹簧材料及结构形式。

(2)计算弹簧刚度：$k=F_2/\lambda_2$。

(3)求应力：$\tau=\dfrac{8FC}{\pi d^2}\left[1+\dfrac{0.5}{C}\right]$。

(4)求簧丝直径：$d=1.6\sqrt{\dfrac{KFC}{[\tau]}}$。

(5)确定弹簧的圈数 n。

(6)确定弹簧的结构尺寸。

18.5 其他弹簧简介

圆柱螺旋扭转弹簧

扭转弹簧的外形和拉压弹簧相似，但承受的是绕弹簧轴线的外加力矩，主要用于压紧和储能，如门的自动复位、电机中保持电刷的接触压力等。

当力矩为 M 时，若 α 很小，则可认为扭簧只承受弯矩。强度条件为

$$\sigma=K_1\frac{M}{W}=\frac{4C-1}{4C-4}\cdot\frac{32M}{\pi d^3}=K_1\frac{32M}{\pi d^3}\leqslant[\sigma]$$

其中 K_1 为曲度系数，W 为截面系数。

扭转变形

$$\varphi=\frac{Ml}{EI}=\frac{\pi MD_2n}{EI}$$

其中，E 为材料的弹性模量，I 为弹簧丝截面的惯性矩，D_2 为弹簧的中径，n 为弹簧的有效圈数。

在设计时要注意以下几点：

(1)对于精度高的扭转弹簧，圈与圈之间应留有间隙，以免载荷作用下因摩擦而影响其特性曲线。

(2)扭转弹簧的旋向应与外加力矩一致。弹簧内侧的最大工作应力(压)与卷绕产生的残余应力(拉)反向(抵消)，从而提高承载能力。

(3)心轴和弹簧内径之间必须留有间隙，避免因 D_2 减小而抱轴。

碟形弹簧

碟形弹簧用钢板冲制而成，外形像碟子。轴向力沿周边均匀分布、内锥高度 h 变小而产生轴向变形。特性曲线呈非线性，变形取决于比值 h/t 的变化，当 $h/t\approx1.5$ 时，中间一段接近于水平。

碟形弹簧的组合形式有对合式组合、叠合式组合和复合式组合。碟形弹簧还具有变形量小、承载能力大、在受载方向空间尺寸小等优点。常用作重型机械、飞机等的强力缓冲弹簧，以及在离合器、减压阀、密封圈、自动控制机构中获得了广泛的应用。但用作高精度控制弹簧时，对材料和制造工艺(加工精度、热处理)要求较严，制造困难。

习题全解

18-1 解题过程 (1)教材表 18-1，按Ⅱ类弹簧取许用应力为

$$[\tau_{\mathrm{II}}]=540\text{MPa}$$

取曲度系数为 $K=1-34$，则有最大工作载荷为

$$F_2=\frac{\pi d^2[\tau_{\text{II}}]}{8KC}=\frac{\pi d^2[\tau_{\text{II}}]}{8k\frac{Dx}{d}}=\frac{\pi d^3[\tau_{\text{II}}]}{8KD_2}=\frac{3.14\times6^3\times540}{8\times1.34\times30}=1165\text{N}$$

最大变形量为

$$\lambda_2=\frac{8F_2C^3n}{Gd}=\frac{8F_2\left(\frac{D_2}{d}\right)^3n}{Gd}=\frac{8F_2\left(\frac{D_2}{d}\right)^3n}{Gd}=\frac{8F_2D_1^3 2n}{Gd^4}=\frac{8\times1165\times30^3\times10}{8\times10^4+6^4}=24.3\text{m}$$

(2)设两端各自有$\frac{3}{4}$圈并紧，则其有效圈数为

$$n_1=n+1.5=10+1.5=11.5\text{ 圈}$$

则有并紧高度为

$$H_s=(n_1-0.5)d=(11.5-0.5)\times6=66\text{mm}$$

将 $\delta\geqslant\frac{\lambda_2}{0.8n}$代入 $H_0=n\delta+H_s$ 有

$$H_0=n\delta+H_s\geqslant\frac{\lambda_2}{0.8}+66=96\text{mm}$$

(3)因 $b=\frac{H_0}{D_2}=\frac{96}{30}=3.2<3.7$

故弹簧稳定。

18-2 解题过程 弹簧刚度为

$$k=\frac{F_1-F_0}{\lambda}=\frac{240-40}{40}=5\text{N/mm}$$

$$[\tau]=0.40\sigma_B,D_2-d\geqslant30,D_2+d\leqslant45$$

$$\tau=K\frac{8FC}{\pi d^2}\leqslant[\tau]$$

$$G=8\times10^4\text{MPa}$$

$$\lambda=\frac{8FC^3n}{Gd}=40$$

18-3 解题过程 (1)弹簧储存的变形能为

$$E=\frac{1}{2\times10^3}(F_1+F_2)\lambda$$

由题知 $F_1=0,\lambda_0=\lambda_2=40\text{mm},E=25\text{J}$，则有

$$F_2=\frac{2\times10^3E}{\lambda_0}=\frac{2\times10^3\times25}{40}=1250\text{N}$$

故弹簧刚度为

$$k=\frac{F_2}{\lambda_2}=\frac{1250}{40}=31.25$$

(2)查教材表 18-1 得 $K=1.25$，而 $C=\frac{D_2}{d}=\frac{48}{8}=6$，则

$$\tau=K\frac{8F2C}{\pi d^2}=\frac{1.25\times8\times1250\times6}{3.14\times8^2}=373\text{MPa}\leqslant[\tau]=400\text{MPa}$$

故弹簧强度足够。

(3) $$n=\frac{Gd}{8C^3R}=\frac{8\times10^4\times8}{8\times6^3\times31.25}=11.85\approx12\text{ 圈}$$

18-4 解题过程 (1)查教材表 18-1 得$[\tau_{\text{II}}]=640\text{MPa}$，且 $\tau_{\lim}\leqslant\tau s=1.25[\tau_{\text{II}}]=1.25\times640=800\text{MPa}$

旋绕比为 $C=\frac{D_2}{d}=\frac{D_2}{d}=\frac{D-d}{d}=\frac{90-10}{10}=8$，查得曲度系数为 $K=1.18$，则

$$F_{\lim}=\frac{\tau_{\lim}\pi d}{8KC}=\frac{800\times3.14\times10^2}{8\times1.18\times8}=3326\text{N}$$

因 $F_2<F_{\lim}$，故在最大工作载荷 F_2 作用时弹簧不会拉断。

(2)弹簧刚度为

$$k=\frac{Gd}{8C^3n}=\frac{8\times10^4\times10}{8\times8^3\times20}=9.77$$

则工作行程为

$$\lambda=\frac{F_2-F_1}{k}=\frac{2070-615}{9.77}=148\text{mm}$$

18-5 解题过程 (1)由刚度公式

$$k=\frac{F_2-F_1}{H_2-H_1}=\frac{F_1-F_0}{H_1-H_0}$$

有 $$\frac{30-20}{120-100}=\frac{20-F_0}{100-80}$$

则 $$F_0=10\text{N}$$

(2)由题意知两弹簧刚度相同，解

$$k=\frac{F_2-F_1}{H_2-H_1}=\frac{30-20}{120-100}=0.5$$

则没有初应力的弹簧在 $F_2=30\text{N}$ 的拉力下，伸长量为

$$\lambda_2=\frac{F_2}{k}=\frac{30}{0.5}=60\text{mm}$$

弹簧高度为

$$H_2=H_0+\lambda_2=80+60=140\text{mm}$$

18-6 解题过程 (1)试选弹簧丝直径 $d=8\text{mm}$。由于材料为碳素弹簧钢丝查教材表 18-1 和 18-2 有

$$[\tau_{\text{III}}]=0.05\sigma B=0.5\times1170=585\text{MPa}$$

(2)初估计弹簧中径 $D_2\geqslant30+8=38\text{mm}$，取 $D_2=48\text{mm}$

(3)钢丝直径 $d\geqslant\sqrt{\dfrac{8KF_2C}{\pi[\tau_{\mathrm{II}}]}}$

其中 $C=\dfrac{D_2}{d}=\dfrac{48}{8}=6$. 查教材图 18-6 得 $K=1.25$ 则

$$d\geqslant\sqrt{\frac{8\times1.25\times1160\times6}{3.14\times585}}=6.15\text{mm}$$

说明取 $d=8$mm 合适.

(4)弹簧有效圈数为 $n=\dfrac{Gd}{8C^3k}$

其中 $k=\dfrac{F_2-F_1}{H_1-H_2}=\dfrac{1160-178}{89-54}=28.1\text{N}\cdot\text{mm}$

(2)(3)因初始转矩为

$$M_1=4.5\times760=3420\text{N}\cdot\text{mm}$$

$$\Delta M=M_2-M_1=10260-3420=6840\text{N}\cdot\text{mm}$$

$$\Delta\varphi=\varphi_2-\varphi_1=180^\circ=\pi$$

则有效圈数为

$$n=\frac{Ed^4\Delta4}{64\Delta MD_2}=\frac{2.06\times10^5\times5^4\times\pi}{64\times684\times30}=30.8$$

取 $n=31$ 圈,则所需初始扭转角为

$$\varphi_1=\frac{64M_1D_2n}{Ed^4}=\frac{64\times3420\times30\times31}{2.06\times10^5\times5^4}=1.57\text{rad}=90^\circ$$

则 $n=\dfrac{8\times10^4\times8}{8\times6^3\times28.1}=13.2\approx13$ 圈

(5)弹簧内径:$D_1=D_2-d=48-8=40$mm

弹簧外径: $D=D_2+d=48+8=56$mm

弹簧间距: $\delta\geqslant\dfrac{x_2}{0.8n}=\dfrac{\text{F}_2}{0.8\text{nk}}=\dfrac{1160}{0.8\times13\times28.1}=3.97$mm

取 $\delta=5.2$mm

弹簧节距: $t=d+\delta=8+5.2=13.2$mm

螺旋升角: $\alpha=\arctan\dfrac{t}{\pi D_2}=\arctan\dfrac{13.2}{3.14\times48}=5^\circ$

弹簧总圈数:两端各并紧 3/4 圈磨平,则

$$n_1=n+1.5=13+1.5=14.5\text{ 圈}$$

弹簧丝的展开长度:

$$L=\frac{\pi D_2n_1}{\cos\alpha}=\frac{3.14\times48\times13}{\cos5.27^\circ}=1967\text{mm}$$

自由高度:

$$H_0 = n\delta + (n_1 - 0.5)d = 13\times 5.2 + (14.5 - 0.5)\times 8 = 180\text{mm}$$

(6)因 $$b = \frac{H_0}{D_2} = \frac{180}{48} = 3.75 > 3.7$$

在弹簧内部有导向杆的条件下，虽高径比略高出许用值，值仍能满足稳定性。

18-7 解题过程 (1)选旋转比 $C=6$，则

$$k_1 = \frac{4C-1}{4C-4} = \frac{4\times 6-1}{4\times 6-4} = 1.15$$

$$M_2 = 13.5\times 760 = 10260\text{N}\cdot\text{m}$$

当门转到180°时，弹簧承受最大转矩 M_2，则

$$d \geqslant \sqrt[3]{\frac{32K_1M_2}{\pi[\sigma]}} = \sqrt[3]{\frac{32\times 1.15\times 10260}{3.14\times 1100}} = 4.78\text{mm}$$

取 $d=5$mm，则弹簧中径为

$$D_2 = Cd = 6\times 5 = 30\text{mm}$$